GAIBIAN SHIJIE DE MOHUAN ZHI SHOU
DIANCI PINPU

改变世界的"魔幻之手"

——电磁频谱

李玉刚 杨存社／主编

人民出版社

编　委　会

主　编：李玉刚　杨存社

副主编：欧孝昆　刘东华　王惠来

成　员：(按姓氏笔画排序)

于　飞　左建国　叶良丰　孙秀志　杨　莉

陈珊珊　张雷鸣　赵　光　姚　清　顾　娜

龚　坚　韩朝晖　简　盈

序

19 世纪末以来，随着电磁场理论的建立和完善，人类社会逐步进入了电磁时代。从最早使用莫尔斯电报实现简单的信息传递，发展到今天，电磁频谱广泛应用于无线通信、导航定位、广播电视、射电天文等四十余种无线电业务。可以说，这一看不见、摸不着的自然资源，在推动人类文明发展、社会进步中发挥了独特而不可替代的巨大作用，甚至可以称为改变世界的"魔幻之手"。

当前，以新一代信息技术为核心的科技革命浪潮中，电磁频谱资源在维护国家安全、拓展战略空间、推动经济发展、提升综合实力等方面的战略价值日益凸显。很多国家十分重视电磁频谱资源的开发利用。怎样合理高效地利用既有的电磁频谱资源，如何获取更多的电磁频谱资源，如何破解有限的可用资源与高速增长的用频需求之间的矛盾，已成为世界各国共同关注的时代课题。

作为这本书稿的第一位读者。在它即将付梓之时，我想谈一下我读完这本书的几点感受。

一是大道至简。作为科普书，最根本的一点就是要把道理讲明白，让人看得懂，否则就达不到科普的效果。电磁频谱资源的应用与管理是一个涵盖多学科、多业务的复杂系统工程，要把其中涉及的知识讲清楚不是一件容易的事情。本书用风趣鲜活的文风、形象直观的图表、大量形象化的比喻，使抽象的学术理论直观化、通俗化、简单化，将轻于无量、存于无形的电磁频谱活灵活现地展示出来，让读者全面系统地了解它的神秘之处、神奇之效，达到了知识性与可读性的巧妙结合。

二是叙事明理。作为科普书，很重要的一点就是要激发读者读书的欲望，让他们带着兴趣读、带着问题读、带着思考读，达到读有所获的效果。本书每一小节都是一个小故事，最多不超过三千字。有的故事开门见山、深入浅出；有的故事悬疑丛生、扣人心弦；有的故事娓娓道来、循序渐进。通过对大量真实案例的剖析，本书揭示了电磁频谱资源多重的自然属性和重要的战略价值，阐述了科学开发、使用和管理电磁频谱资源的必要性和紧迫性，展望了未来电磁频谱资源应用与管理的发展趋势，以及产生的深远影响，达到了叙事性与说理性的有机统一。

三是以点带面。作为科普书，不能像教科书那样，把所有的知识点都一一罗列出来，逐一进行讲解。本书紧紧围绕"魔幻之手"这一主题，以"改变世界"为主线，以维护拓展国家战略利益、服务信息化武器建设、保障多样化军事行动、服务社会经济发展等多个视角为切入点，通过对典型事例的剖析，阐述电磁频谱在经济和军事领域的战略价值。并且在每个事例后面，以知识链接的形式，对重要的术语、组织机构、技术手段等内容进行详细介绍。这样在不影响全书整体性、连贯性的基础上，又充实了知识内容，达到了重点性与普及性的完美融合。

当前，我国正走在实现"中国梦"的伟大历史征程中。近年来，频谱资源的广泛应用，已经成为发展数字经济，建设智慧城市，推动"互联网+"，实现经济结构战略性调整的重要"引擎"。因此，我们每一个人都有必要去理性地认识电磁频谱，了解其在国家安全、经济发展和国防建设等领域的重大作用，树立电磁领域的大局观和安全观，争做维护国家战略利益的带头人、信息化建设领域的开路人、频谱资源管理领域的明白人。

当您读完此书再次回味它的时候，我想您会"不虚此读"，受益匪浅。我期待着这本书早日与广大读者见面。

内容提要

本书是一本介绍电磁频谱相关知识的科普读物，共分七章。其中，第一章介绍电磁频谱的基本概念、自然属性及战略价值；第二章介绍电磁频谱管理工作的发展历程、相关机构及法规标准；第三至第六章着重从维护拓展国家战略利益、服务信息化武器装备建设、保障多样化军事行动、推动经济社会发展四个方面，系统阐述电磁频谱管理所带来的重大而深远影响；第七章瞻望未来电磁频谱管理在社会生活、经济建设以及军事领域面临的机遇和挑战。

本书面向社会大众宣传、普及电磁频谱的基本常识、应用发展以及由此产生的经济和军事效益，适合大中专院校师生、信息化领域工作人员、业余无线电爱好者和军事爱好者参考阅读，也可作为电磁频谱管理领域工作人员的入门读本。

目　录

第一章
神奇的电磁波

公元前六七世纪，人类就已经发现了磁石吸铁、磁针指南以及摩擦生电等现象，但还只是停留在感性认识的阶段，直到 16 世纪，才开始系统地研究这些现象。起初人们只是把电、磁作为两个独立的领域进行研究，后来经过库伦、高斯、欧姆、奥斯特、安培、法拉第等一批科学家的不断探索，到了 19 世纪二三十年代才把两者关联起来，从此进入了电磁理论发展的崭新阶段。

1.1　麦克斯韦的预言

1831 年，法拉第发现电磁感应现象，成为科学界轰动一时的大事。而就在同一年，麦克斯韦出生在苏格兰古都爱丁堡的一个律师家庭。这也许就是历史的安排，让这个呱呱坠地的小孩在未来去破解法拉第发现的"电磁迷雾"。

在家庭环境的影响下，麦克斯韦从小就受到很好的科学启蒙和熏陶，逐渐展现出了在数学方面的天赋。14 岁时他在《爱丁堡皇家学会学报》上发表了一篇数学论文——《论卵形曲线的机械画法》。该问题只有大数学家笛卡尔研究过，而麦克斯韦提出的方法比笛卡尔的要更简便，这让审定论文的教授非常吃惊。1850年，19岁的麦克斯韦进入赫赫有名的剑桥大学三一学院数学系学习，在著名数学家霍普金斯的指导下，麦克斯韦的数学天赋得到了充分发挥。

1854年，23岁的麦克斯韦刚从剑桥毕业不过几星期就阅读了法拉第的名著——《电学实验研究》。他一下子就被书中新颖的电磁实验和独到的理论见解所吸引。但是，在这厚厚的三卷《电学实验研究》中，都是一些定性的文字描述，竟然没有一个数学公式。正是由于这个缘故，当时许多理论物理学家都不承认法拉第的学说，认为它不过是一些实验记录。在麦克斯韦看来，虽然法拉第的电磁理论都是基于文字描述，但是他提出的"力线"概念却隐含着人们尚未发现的、具有革命性的真理。作为一位理论物理学家，麦克斯韦很清楚，物理学是离不开数学的。他意识到，缺乏数学上的高度概括，也许正是这位大师在理论研究方面的弱点。这位初出茅庐的青年科学家决心用数学的力量承载起法拉第的天才思想。

经过一年多的潜心研究，1856年2月，麦克斯韦在剑桥《哲学学报》上发表了第一篇电磁学论文——《论法拉第的力线》。在这篇论文中，麦克斯韦通过数学方法，把法拉第关于电流周围存在"力线"这一思想成功地概括为一个数学方程，使法拉第的电磁学说第一次有了定量的表述形式。1860年夏天，29岁的麦克斯韦登门拜访了年近七旬的法拉第。两位伟大的科学家跨越了年龄的鸿沟，对电磁理论的发展进行了一次思想的碰撞。法拉第认为这位青年人真正理解了他的思想精髓，并鼓励他要继续探索、突破创新。从此，麦克斯韦接过这位伟大先驱者的火炬，开始向电磁领域的纵深挺进。

为了研究变化的"力线"，麦克斯韦建立了一个新模型。他想象，空间里充满着小球，这些小球可以旋转，它们被更小的粒子在空间上间隔开。那些小粒子就像是钢珠轴承。麦克斯韦假设这些小球质量很小但有限，并有一定的弹性。因为任何一个小球的变化都会引起其他小球的变化，如此一来，就可以把电力线、磁力线和机械系统作类比进行研究。

经过六年时间的研究，1862 年，麦克斯韦在英国《哲学杂志》上发表了第二篇电磁学论文——《论物理学的力线》。他利用上述理论模型，推导出两个非常精练的数学公式，不仅完美地解释了法拉第的电磁感应实验，还可以解释迄今为止人们所发现的一切有关电和磁的现象。

在法拉第电磁感应实验中，变化的磁场可以在闭合电路中引起电流。麦克斯韦认为，这是由于变化的磁场在闭合电路周围产生了一个电场，这个电场推动闭合电路导体中的电荷定向移动，形成了电流。他还认为，变化的磁场在其周围空间产生电场，是一种普遍现象，与电路是否闭合没有必然关系。因此，麦克斯韦预言电磁波的传播速度只由电磁基本性质决定。

麦克斯韦进一步思考发现，变化的磁场产生电场，变化的电场产生磁场，二者密切联系，互为因果，形成一个不可分割的统一体——电磁场。因此，麦克斯韦在《论物理学的力线》中大胆地预言：这种交变的电磁场以波的形式由近及远地向空间传播开去，就会形成当时人们尚不知道的电磁波（如图 1—1 所示）。电磁波的形成就像鸡生蛋，蛋生鸡，鸡又生蛋，蛋又生鸡……不断繁衍。就这样，今天给我们生活带来无限便

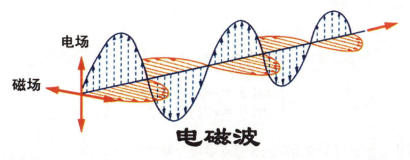

图 1—1　电磁波的产生

捷的无线电波，被当时年仅 31 岁的麦克斯韦所预言。此外，在该论文的第三部分，麦克斯韦首次提出了光的电磁学说的观点："我们几乎不可回避这样的一个推论：光是由电磁现象引起的在同种媒质中的横波。"这是人类在认识光的本质方面的又一大进步。

这是个惊人的发现，但绝大部分科学家却没有对此表态。他们认为麦克斯韦的"小球"模型并没有原创性，用这个模型尝试对电磁和光作解释是有缺陷的。当所有人都预计麦克斯韦下一步要完善这个模型的时候，麦克斯韦却把这个模型放到一边，转而运用动力学原理，从头开始构建电磁场理论。

1864 年 10 月 27 日，麦克斯韦在英国皇家学会上宣读了他的第三篇电磁学论文——《电磁场动力学》，首次明确地提出了电磁场的概念。麦克斯韦对《论物理学的力线》中构建的数学模型进行了优化，建立了由 20 个等式和 20 个变量组成的电磁场方程组。虽然这个方程组与我们今天所熟悉的麦克斯韦方程组还有一些差异，但是它概括了各个电磁学的实验规律，能够完整和充分地反映电磁场客观运动规律的理论。根据这组公式，麦克斯韦计算出电磁波的传播速度正好等于光速，并大胆地断定，光也是频率介于某一范围之内的一种电磁波。1885 年，英国物理学家奥利弗·赫维赛德运用矢量表征方法，简化了麦克斯韦方程组，将其用简洁、对称、完美的四个数学公式表示出来，即现在人们所看到的麦克斯韦方程组。

$$\begin{cases} \operatorname{div} E = \rho/\varepsilon \\ \operatorname{div} H = 0 \\ \operatorname{curl} E = -\mu\partial H/\partial t \\ \operatorname{curl} H = \varepsilon\partial E/\partial t + J \end{cases}$$

其中，E 和 H 分别是空间任意点电场力和磁场力的矢量，ε 和 μ 分别是电和磁的基本常量，ρ 是电荷密度，J 是电流密度矢量。这组公式融合了电的高斯定律、磁的高斯定律、法拉第定律以及安培定律。可以说，宇宙间任何的电磁现象，皆可由此方程组解释。2014 年，麦克斯韦方程组被英国科学期刊《物理世界》评选为"最伟大的公式"。

就这样，法拉第当年关于光的电磁理论的朦胧猜想由麦克斯韦变成了科学理论，成为 19 世纪科学史上最伟大的创新。此后不久，麦克斯韦辞去伦敦国王学院教授的工作，回到家乡格伦莱庄园系统地总结近年来的研究成果，撰写电磁学专著。

1873 年，麦克斯韦的经典巨著《电磁通论》出版了。它充分继承了奥斯特、安培、法拉第等人在电和磁领域的研究成果，以电磁学实验和动力学原理为依据，对电磁现象作了系统、全面的阐述，成为一部经典的电磁理论著作。此时人们通过他前几篇卓有见地的论文而逐渐地接受了他的理论观点。这本书刚一出版，就成为当时物理学界的一大新闻。他的朋友、学生以及科学界的人士争相购买，以求先睹为快，书很快就被抢购一空。《电磁通论》的问世标志着电磁理论的宏伟大厦，经过几代人的不懈努力，终于巍然矗立起来！

从 19 世纪 50 年代到 60 年代，麦克斯韦用了十年左右的时间，完成了三次里程碑式的跨越：从理论上总结了人类对电磁现象的认识，建立了完整的电磁场理论

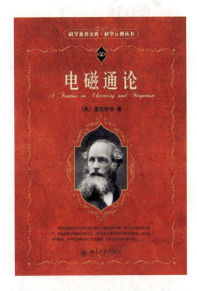

图 1—2 《电磁通论》

体系，揭开了"电磁迷雾"。他不仅科学地预言了电磁波的存在，而且揭示了光、电、磁现象的内在联系及统一性，成为 19 世纪物理学发展史上最辉煌的研究成果。他建立的电磁理论，成为经典物理学的支柱之一，是科学史上一个划时代的理论创新。

遗憾的是，在麦克斯韦生活的那个时代，很多人并不知道有电磁波存在，加之他的电磁学说非常超前、艰深难懂，他的预言和理论很长时间不被人理解。直至他去世九年后的1888年，德国科学家赫兹终于用实验证实了电磁波的存在。1898年，马可尼又进行了多次实验，不仅证明光是一种电磁波，而且发现了更多形式的电磁波，如X线、γ线、红外线、紫外线等，所有这些射线都可以用麦克斯韦方程组加以分析。至此，麦克斯韦的预言终于得到了大家的认可。如今，电磁理论广泛应用于经济建设、国防军事和社会生活等各领域，正在深刻影响和改变着我们这个世界。

链接

【人物简介】麦克斯韦，全名詹姆斯·克拉克·麦克斯韦（James Clerk Maxwell，1831—1879），英国物理学家、数学家，经典电动力学的创始人，统计物理学的奠基人之一，被誉为"电波之父"。

麦克斯韦是继法拉第之后又一位集电磁学大成于一身的伟大科学家，但他生前所获得的赞誉远不如法拉第，生活也远不如法拉第幸运。他一生都不被人理解：中学时代他的服装不为同伴理解；大学时代他的言语不为听者理解；到后来，他的学说也是很长时间没有知音。直到他

图1—3 麦克斯韦

去世九年后，在赫兹证明了电磁波存在时，人们才意识到他的伟大，并认为他是"自牛顿以后世界上最伟大的数学物理学家"。

【电磁感应】1831年8月，英国科学家迈克尔·法拉第经过反复实验发现，只要穿过闭合电路的磁场发生变化，闭合电路中就会产生感应电流。如图1—4中，磁铁上下移动，左侧的电流表就会显示有电流产生。这种利用磁场产生电流的现象称为电磁感应，产生的电流叫作感应电流。

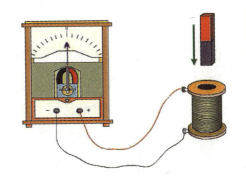

图1—4　电磁感应示意图

　　电磁感应现象的发现，是电磁学领域中最伟大的成就之一。它不仅揭示了电与磁之间的内在联系，而且为电与磁之间的相互转化奠定了实验基础，为人类获取巨大而廉价的电能开辟了道路。电磁感应现象在电子技术、电气化、自动化方面的广泛应用，对推动社会生产力和科学技术的发展发挥了重要的作用。

　　例如，现在汽车中使用的防抱死制动系统（简称ABS），就是利用电磁感应的原理，通过车轮转速的变化产生感应电流，通过电流调节汽车的制动装置，防止在刹车过程中出现车轮抱死侧滑的现象。

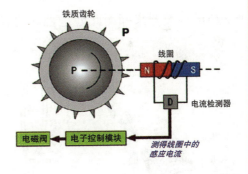

图1—5　防抱死制动系统原理图

1.2 赫兹的实验

依照麦克斯韦理论，变化的磁场产生电场，变化的电场产生磁场，二者密切联系，互为因果。但这一说法在当时一直缺少实验验证。就在麦克斯韦去世不久，德国柏林科学院就向科学界征求验证麦克斯韦电磁理论的实验方法。此时，海因里希·鲁道夫·赫兹正在德国柏林大学求学，并受其物理老师赫姆霍兹的鼓励研究麦克斯韦电磁理论。年轻的赫兹萌发了进行电磁波实验的雄心壮志，他决心以实验来证实麦克斯韦理论。

为证实电磁波的存在，赫兹首先根据电容器放电经由电火花间隙会产生振荡的原理，设计了一套电磁波发生器。他将一感应线圈的两端接于发生器的铜棒上，当感应线圈的电流突然中断时，其感应高电压使金属板之间的金属球产生火花，并在锌板间振荡，重复周期高达数百万次。根据麦克斯韦理论，此火花应产生电磁波，于是赫兹又设计了一个简单的检波器来探测此处是否真的有电磁波。他将一小段导线弯成圆形，线的两端点间留有两个小金属球，且留有一定间隙，因电磁波应在此线圈上产生感应电压，而使金属圈两端的金属球间产生火花。于是他将检波器距振荡器10米远，并放置于一个暗室内，结果他发现检波器金属圈的两

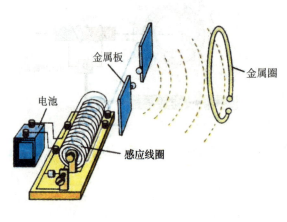

图1—6 电磁波发生器

金属球间确有小火花产生。

　　经过反复验证，实验终于在麦克斯韦去世九年后的 1888 年取得圆满成功，验证了人们怀疑和期待已久的电磁波。同时，赫兹还利用暗室内锌板反射电磁波实验，证实了麦克斯韦关于电磁波传播的速度等于光速的预测，并在 1889 年一次著名的演说中，明确指出了光是一种电磁现象的论断。至此，由法拉第开创、麦克斯韦总结的电磁理论取得了决定性的胜利，麦克斯韦的伟大遗愿终于实现了。

　　赫兹实验不仅证实麦克斯韦的电磁理论，更为无线电、电视和雷达的发展找到了道路。而正当人们对他寄以更大期望时，他却于 1894 年 1 月 1 日，因败血症在波恩英年早逝，年仅 36 岁。赫兹为电磁理论的创立作出了巨大贡献，为了纪念他的功绩，人们用他的名字"赫兹"作为电磁波频率的国际通用单位，简称"赫"。

【人物简介】赫兹，全名海因里希·鲁道夫·赫兹（Heinrich Rudolf Hertz，1857—1894），德国物理学家，1857 年 2 月 22 日出生于德国汉堡。1888 年首先证实了电磁波的存在，对电磁学有很大的贡献，故频率的国际单位以他的名字命名。赫兹，是每秒钟周期性变化的次数。

【电磁波】电磁波，由詹姆斯·克拉克·麦克斯韦于 1865 年预测出来，而后由德国物理学家海因里希·鲁道夫·赫兹于 1887 年至

图 1—7　赫兹

1888 年间在实验中证实存在。

电磁波是由同相且互相垂直的电场与磁场在空间中衍生发射的振荡粒子波，是以波动的形式传播的电磁场，具有波粒二象性。电磁波伴随的电场方向、磁场方向、传播方向三者互相垂直，因此电磁波是横波。当其能阶跃迁过辐射临界点，便以光的形式向外辐射，此阶段波体为光子，太阳光是电磁波的一种可见的辐射形态。

电磁波不依靠介质传播，在真空中的传播速度等同于光速，即 3.0×10^8 米／秒。同频率的电磁波在不同介质中的传播速度不同；不同频率的电磁波，在同一种介质中传播时，频率越大折射率越大，速度越小。电磁波只有在同种均匀介质中才能沿直线传播，若同一种介质是不均匀的，电磁波在其中的折射率不一样，在这样的介质中将沿曲线传播。电磁波通过不同介质时，会发生折射、反射、衍射、散射及吸收等现象。因此，电磁波的传播有沿地面传播的地面波，还有从空中传播的空中波以及天波，在空间中是向各个方向传播的。电磁波的波长越长衰减越小，也越容易绕过障碍物继续传播。

1.3 电磁波的"家族"

人类对电磁波的认识最早是在光学领域。历史上许多著名的物理学家都探索过光的本质，其中就有伟大的科学家牛顿。1666 年，英国物理学家牛顿做了一次非常著名的实验，他将三棱镜放在太阳下，通

可见光波谱

图 1—8　可见光波谱

过转动三棱镜使光照在一个平面上，结果平面上显示出红、橙、黄、绿、蓝、靛、紫的七色色带。针对这个现象，牛顿大胆地推定：太阳的白光是由七色光混合而成，当它们透过三棱镜时，由于折射率的不同而产生不同的偏转角度，这样就显现出七种不同的颜色。

这是人类历史上第一次对可见光的"家族"有了直观的认识。但是受限于当时的技术，人们并没有把光和电磁波统一起来研究。直到1888年赫兹证实了电磁波的存在后，越来越多的科学家开始关注电磁波，通过更为深入地研究探索，不仅证明了光是一种电磁波，而且还发现了更多形式的电磁波，它们的本质完全相同，只是波长和频率有很大差别。

按照频率递增的顺序，电磁波可划分为无线电波（分为长波、中波、短波、微波）、红外线、可见光、紫外线、X射线、γ射线等，电磁频谱就是这些不同电磁波的频率范围的总称，如图1—9所示。从理论上来说，电磁波频率越低，波长越长，传播过程中能量损耗越小，绕射（绕过高楼、树木等障碍物）能力越强，有效传播距离也越远。相反，电磁波频

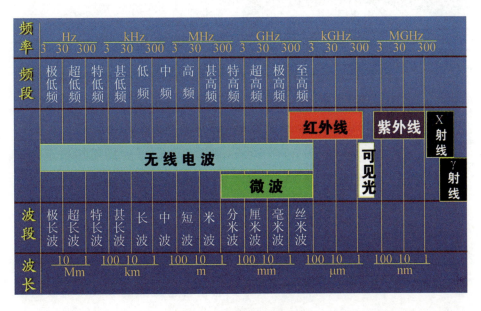

图1—9　电磁频谱的划分

率越高，绕射能力越弱，有效传播距离越近，但穿透物体的能力越强。这些特点决定了不同频率的电磁波在传播方式和应用领域方面存在较大的差异。

极长波至甚长波，主要沿着地球表面进行长距离传播（也称地波传播），并且在地下和海水中也有较好的传播特性。因此，以上频段的电磁波主要用于对潜通信、水下导航、地下通信、地质勘探、国际长距离无线电导航等业务。

长波，既可以沿着地球表面传播，也可以通过电离层的反射进行天波传播。一般来说，地波传播可达 200~300 公里，天波传播可达 2000~3000 公里，甚至更远。因此，这个频段的电磁波主要用于长距离无线电导航、标准频率和时间信号广播、电离层研究等领域。

图1—10 地波传播示意图

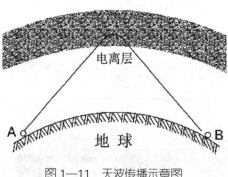

图1—11 天波传播示意图

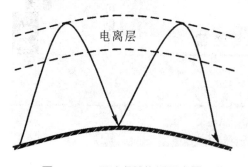

图1—12 天波多跳传播示意图

中波和短波，主要是通过电离层反射的方式，经过一跳或多跳实现远距离传播。只不过，中波和短波受电离层变化的影响比较明显，信号传播不够稳定，有时会出现通信中断的情况。相对长波而言，短波通信天线尺寸较小、生产成本较低、建立链路方式灵活，因此在卫星通信、光纤通信日趋成熟的今天，短波通信仍然是公认的廉价、简单、方便和可靠的远程通信手段，并广泛应用于国际广播（如 BBC）、导航、远程点对点通信等领域。

米波、分米波、厘米波通常也称为超短波或微波，传播过程中受大地吸收而急剧衰减，绕射能力非常弱，遇到电离层也不能反射回来，所以，这一频段的电磁波只能使用视距传播和散射传播两种方式。

视距传播，顾名思义就是在"看得见"的距离内进行传播，即发射天线和接收天线之间没有遮挡，主要用于广播电视、移动通信、微波中继、无线接入、雷达、电子对抗等系统。今天，无论是我们拿起手机与家人通话，或是打开电视享受精彩的球赛，或是使用电脑进行网上冲浪，都与这些系统密不可分。

散射传播主要集中在 30~100MHz 和 700~10000MHz 频段。当电磁波遇到对流层和电离层中分布不均匀的物体（带电介质）时，一部分电磁波就会产生散射返回到地面，因此，散射传播可用于超视距通信。与短波频段的天波通信相比，不受核爆炸、太阳黑子、磁暴和极光等影响，保密性强，稳定可靠，具有一定抗毁性，且便于机动应急架设，在军事通信中广泛应用。

红外线是波长介于微波与可见光之间的电磁波，是一种肉眼看不到的光。借助一些光学设备，如红外线摄像机接收到红外线后会将其转化为可见的绿光，我们可以感受到红外线。通常，我们的肉眼看不到真正的红外线。电影中常出现的能看到红外线的眼镜也是不存在的。在日常生活中，红外

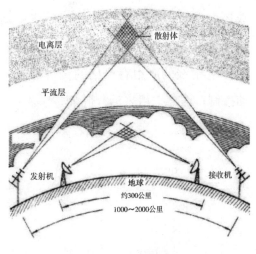

图 1—13　散射通信示意图

线的应用也非常广泛，高温杀菌、医学、监控设备、宾馆房卡、电视机遥控器等，都有红外线的影子。

太阳光中还有丰富的紫外线，经常晒晒太阳能促使人体合成维生素D，以防止患佝偻病。紫外线还具有杀菌作用，医院里的病房就利用紫外线消毒。但过强的紫外线会伤害人体，容易造成皮肤癌等疾病。大气中的氧气和高空中的臭氧层，对紫外线都有很强的吸收作用，能吸收掉太阳光中的大部分紫外线。此外，紫外线能激发化学反应，能使荧光物质发光，钱币的防伪就是利用了紫外线这一功能。

X射线，于1895年被德国物理学家伦琴发现，又称伦琴射线。该电磁波具有较强的穿透能力，能透过许多不透明的物质，如墨纸、木料等。X射线最初用于医学成像，就是大家都熟知的X光片。也可通过对生物机体的照射，抑制某些细胞的生长，对肿瘤的治疗有积极作用。在利用X射线的同时，人们也发现，过度照射X光会导致脱发、皮肤烧伤、视力障碍、白血病等。因此，在应用X射线的同时，必须采取必要的防护措施，避免对正常机体的伤害。

γ射线是原子反应过程中释放出的一种高能量的射线，具有比X射线还要强的穿透能力。当人体受到γ射线辐射时，轻则腹泻、发烧、内分泌失调、头发脱落，重则骨髓遭到损坏、白血球减少，甚至死亡。因此，γ射线的应用有严格的法规标准，工业中可用来探伤或流水线的自动控制，医疗上用来治疗肿瘤。

链接

表 1—1　各频段电磁波基本特性及主要应用

频段名称	频率范围	基本特性	主要应用
甚低频（VLF）	3~30kHz	主要是地波传播，有较好的衍射和透射海水的性能，稳定性和可靠性强。	主要用于海岸和远航船舶/潜艇间的通信、水上导航、固定业务、频率和时间信号，特别是国际性长距离无线电导航通信。
低频（LF）	30~300kHz	主要是地波传播，有较好的衍射和透射海水的性能，稳定性和可靠性强。	主要用于在大气层的中程通信、地下通信、水上导航、固定业务，特别是国际性长距离无线电导航通信。
中频（MF）	300~3000kHz	主要是地波传播，稳定性和可靠性强。	主要用于国内广播和导航、固定、移动，特别是中距离点对点广播和航海。
高频（HF）	3~30MHz	主要是长距离的天波通信，但容易受到电离层的影响。	主要用于导航、广播、固定、移动和其他业务，特别是远程或短程点对点通信、广播和移动。
甚高频（VHF）	30~300MHz	电离层散射通信频率一般为30~60MHz；人工电离层通信一般为30~144MHz；流星余迹通信频率一般为30~100MHz（40~80MHz最适合）。	主要用于导航、电视、FM广播、雷达、固定、移动业务，特别是短距离和中距离点对点、移动、LAN、广播（TV），以及与大气层内外的飞行目标（例如卫星/导弹）通信。
特高频（UHF）	300~3000MHz	低容量微波中继系统（8~12路）的频率一般为352~420MHz；中等容量微波中继系统（120路）的频率一般为1700~2400MHz；对流层散射通信的频率一般为700~10000MHz。	用于导航、电视、雷达、固定、移动、空间、对流层散射业务，特别是短距离和中等距离点对点、移动、LAN、广播（TV）、卫星通信。

续表

频段名称	频率范围	基本特性	主要应用
超高频（SHF）	3~30GHz	大容量微波中继系统（6000 路）的频率一般 为 3600~4200MHz；大容量微波中继系统（2500 路）的频率一般为 5850~8500MHz。	用于导航、电视、雷达、固定、移动、空间、航空业务，特别是短距离和中等距离点对点、LAN、广播（TV）、移动/个人可操作通信、卫星通信。
极高频（EHF）	30~300GHz	视距传播。	用于导航、固定、移动、空间业务，特别是短距离点对点、微蜂窝、LAN、移动/个人通信、卫星通信、重返大气层通信。
红外线	$300\sim4\times10^5$GHz	热效应显著，具有一定的穿透性。	用于遥控、热成像仪、医疗、红外制导导弹等。
可见光	$3.84\times10^5\sim7.69\times10^5$GHz	由紫、蓝、青、绿、黄、橙、红等七色光组成，可被人肉眼感知。	用于光学成像、遥感、通信等。
紫外线	$7.69\times10^5\sim3\times10^8$GHz	显著的化学效应和荧光效应。	杀菌、消毒、治疗皮肤病和软骨病、金属探伤等。
X 射线	$3\times10^8\sim5\times10^{10}$GHz	具有较强的穿透性。	用于 CT 照相、治疗肿瘤等。
γ 射线	约 10^9GHz 以上	穿透力很强，对生物肌体的破坏力很强。	医学上用于治疗肿瘤；工业中用来探伤或流水线的自动控制。

【频率】电磁波每秒钟变化的次数，时间周期的倒数，通常用 f 表示，单位为赫兹（Hz）。具有某个具体值的频率是电磁频谱中的一个具体点，也称为频率点或频点。

【频段】由电磁频谱中的两个频率点限定的一段频谱称为频带或频段。起限定作用的这两个频率点称为上限频率和下限频率。

1.4　与众不同的自然资源

自从人们发现并开始使用电磁波以来，我们的生活便和这种"看不见、摸不着"的资源紧密相连了。你观看的电视，收听的广播，帮助你到达目的地的 GPS 导航仪，以及你用来打电话、浏览"朋友圈"的智能手机等等，都是通过无形的电波来传输各类信息的。为此，电磁频谱资源作为一种国家战略资源，受到多国政府的高度重视。我国在 2007 年修订的《中华人民共和国物权法》第五十条规定，无线电频谱资源属于国家所有，从法律的角度明确了电磁频谱作为国家战略资源的属性和重要地位。

电磁频谱资源如此重要，可我们在平时使用时，为什么并没有感到什么约束限制，也没有看到"请节约使用频谱资源"之类的宣传标语？这是由电磁频谱资源自身特点决定的，也是它区别于其他普通自然资源的"神奇"之处。

"用之不竭"的电磁频谱。电磁频谱不同于土地、水、矿藏、森林等资源，它可以被人类利用，但不会被消耗掉，因为当某种用频业务停止使用时，它所占用的频谱同时被释放出来，可以再提供给其他用频业务使用，所有电磁频谱是可以无限次地重复使用和利用的。如果频谱资源得不到充分利用而大量闲置，无疑造成一种资源浪费；反之，如果频谱使用不当，造成各用频业务之间严重干扰，给各用频业务的应用带来极大危害，这就是一种更大的资源浪费。因此，需要对它科学规划、合理利用、有效管理，才能使之发挥巨大的资源价值，成为服务经济社会发展和国防建设的重要资源。

"三维立体"的电磁频谱。目前，除了航空无线电导航、遇险搜救、射电天文等业务用频具有"专属专用"的电磁频谱资源外，其他约 90%

以上的频段都由多种无线电业务共用。之所以能够共用，主要由于电磁频谱具有时间域、空间域、频率域的三维特性，三域中只要在一域区分好，电磁频谱就可以共同使用，各用频设备之间就不会互相干扰。例如，可以通过区分使用时段的方法，制订频谱使用计划，从时间域层面避免干扰；可以通过拉开间隔距离的方法，合理布置用频设备，从空间域层面避免干扰；可以通过划分、规划、分配和指配频率的方法，制订用频方案，从频率域层面避免干扰。

"弥足珍贵"的电磁频谱。理论上，电磁频谱是覆盖0至无穷大赫兹的一种特殊自然资源。国际电信联盟规划的可以利用电磁频谱范围为 8.3kHz~275GHz，但受目前信息技术水平的限制，可供人类开发和使用的频谱只占资源总量的68%。其中，3GHz以下最优频谱，应用趋于饱和，发展空间受限；3~10GHz的好用频谱，应用广泛，竞争趋激烈；10~60GHz的可用频谱，技术日趋成熟，抢占优先使用权的趋势更加明显；60GHz以上待开发频谱，开发利用受技术和元器件的限制，亟待突破；卫星频率轨道资源的好用频率几乎被瓜分殆尽，"黄金导航频率"的80%已被美国和俄罗斯率先抢占。

"国际通行"的电磁频谱。电磁频谱是一种全人类可以共享的自然资源，任何国家、地区或部门都不可能将其据为己有，也无法对某一特定的电磁波打上专属标签。因为电磁波的传播是不受人为的行政区域划分限制，也不受边境线影响的。在这一点上，它和自然界中"风"的属性有点类似，没有听说哪个国家能够限制自己国家的"风"出境，或者阻止别的国家的"风"进入的，电磁频谱资源也是同样道理。

"容易受伤"的电磁频谱。电磁波在空间域上纵横交错、时间域上动态变化、频率域上密集交错，当多种用频设备或用频武器装备密集部署和使用时，易产生自扰、互扰，也会造成周边电磁环境的污染，致使电磁波无法准确地传递信息，甚至危害人类的健康。二十多年前，家用微波炉在美国普及后，一些装有心脏起搏器的病人，常常会感到不适，有的起搏器甚至失灵骤停。后来，科学家的研究使其真相大白于天下，原因就是微波炉在工作时，会对外辐射一定能量的电磁波，对心脏起搏器等精密仪器造成"电磁波污染"，影响其正常使用。

链接　【卫星频率】是指无线电频谱用于空间无线电业务的部分。任何卫星系统的信息感知、信息传输以及测控单元，都需要使用电磁频谱，空间电台安装在人造地球卫星上，电波在太空与地面之间传播过程中存在大气层传播损耗。不同的频段传播损耗不同，其中在 0.3~10GHz 频段间损耗最少，被称为"无线电窗口"；在 30GHz 附近频段损耗相对较小，通常被称为"半透明无线电窗口"。各类卫星应用也主要使用这些频段，其他频段相对损耗较大。因此，卫星电台常用频段只占无线电频谱的一小部分。

表 1—2　卫星（空间电台）常用频段

频率范围	主要应用
100~1000MHz（V/UHF 频段）	低轨数据通信、遥测遥控、移动通信
1~2 GHz（L 频段）	低轨移动通信、导航、气象和侦察
2~4 GHz（S 频段）	数据中继、测控
4~7 GHz（C 频段）	固定通信、广播电视
7~12 GHz（X 频段）	军事通信、资源卫星等
12~18 GHz（Ku 频段）	固定通信、移动通信、广播电视
18~27 GHz（K 频段）	固定通信、移动通信
27~40 GHz（Ka 频段）	固定通信、移动通信、星际链路
40~60 GHz（EHF 频段）	固定通信、军事通信

【卫星轨道】是指卫星围绕地球运行的轨迹。卫星轨道所在的平面称为轨道平面。如果这个平面和地球赤道所在的平面重合，则此时卫星轨道就称为赤道轨道；如果卫星的轨道平面和地球的赤道平面有一定的夹角，则这个夹角就称为轨道倾角，此时卫星轨道称为倾斜轨道；如果轨道平面通过地球的两极附近，则此轨道就称为极地轨道。如图1—14所示。

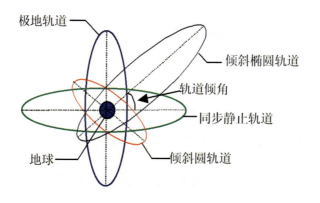

图1—14 卫星轨道示意图

同步静止轨道位于赤道上空、距地面高度为35786公里。一颗静止卫星可以覆盖地球表面约40%的区域，且地球站天线容易跟踪，信号稳定。因此，大多数通信卫星、广播卫星、气象卫星都选用静止轨道位置。

运行轨迹低于同步静止轨道的卫星称为非静止卫星或移动卫星，其运行周期小于24小时。移动卫星在几百公里以上的高度飞行，不受领土、领空、地理和气候条件的限制，视野广阔，一天能环绕地球几圈到十几圈，能迅速而广泛地获取来自陆地、海洋、大气的各种信息。因此，侦察卫星、预警卫星、资源卫星、气象卫星等常选用非静止轨道。另外，由于低轨道卫星高度低，与地面通信时传输时延小、损耗小，有利于为手持机移动用户服务，而且发射卫星所需的火箭推力小，发射费用低，因此 20 世纪 80 年代以后，低轨移动卫星通信系统得到迅速发展。其中，由 66 颗距地面高度为 780 千米的卫星组成的"铱"星系统对全球形成无缝隙蜂窝覆盖，能支持全球任何地点（包括海洋和空中，南北两极）两用户之间的通信，实现了真正意义上的全球移动卫星通信。

1.5　无形的"摇钱树"

近年来，各种"红利"如雨后春笋般出现在人们的视线中，大到国家提出的"改革红利"，小到各种电子购物带来的"P2P 现金红利"，各行业都在为前期的高速发展派现。同样，在频谱资源管理领域，信息技术发展所带来的"红利"更为可观，我们习惯称为"数字红利"。

什么是"数字红利"？以大家所熟知的广播电视业务为例。过去，电视信号都是采用模拟调制，每个频道的图像和声音加起来需要占用 8MHz 带宽频谱。随着数字信号处理技术的发展，电视信号数字化之后，每个频道只需要约 1.5MHz 的频谱资源就可以传输原来 8MHz 带宽的信息量。也就是说，原先的一个模拟频道现在可以传输 6 路数字电视信号。所以，广播电视业务数字化后，可以压缩出原来所用频谱资源的 5/6，这就是"数字红利"。按照计划，我国的地面数字电视广播覆盖网将于 2020 年基本建成。届时，地面模拟电视业务将退出市场，由此产生的"数字红利"可用于开展许多新的业务，如新一代移动通信、宽带互联网接入、交互式电视广播、移动电视等等。在频谱资源十分宝贵的今天,这些"数字红利"无疑将创造巨大的经济价值。

西方发达国家非常重视频谱资源所产生的经济效益,早在1996年,英国政府在其发布的《21世纪的频谱管理》白皮书中就明确提出引入频谱定价、频谱拍卖、频谱贸易等机制,激励频谱资源的高效利用和新技术的研发,通过"数字红利"推动经济发展。目前,在发达国家,"数字红利"已经产生了非常可观的经济价值。2008年3月,美国联邦通信委员会对部分"数字红利"频段进行了拍卖,创下了195.9亿美元的纪录。其中,Verizon公司以96亿美元,拍得其中的46MHz频谱。2010年,该公司基于"数字红利"频谱的D Block LTE网络开始建设运营,仅仅用了三年,其网络就覆盖了全美98%的国土,用户超过3亿,获得了巨大的经济效益。英国最新发布的频谱价值评估报告显示,2013年仅公众移动通信这一项业务,就给欧盟带来2690亿欧元的经济价值。按照现在的发展趋势,预计2023年,这一数值将达到4770亿欧元,比2013年增长近一倍。

在我国,"数字红利"对经济发展的拉动作用已经开始逐步显现。有国外某研究机构通过对我国连续7年的经济数据进行统计分析,测算出无线电频谱的相关产业每年为我国GDP增长率的贡献度高达3~5个百分点,已经超过人力资本对经济增长的贡献率,成为我国经济发展的重要引擎之一。预计到2020年,这一比例将可能达到6%以上。

2015年5月,随着"中国制造2025"发展战略的正式启动,进一步加速我国信息化带动工业化升级的步伐。电磁频谱作为稀缺的战略资源,在整个国民经济和社会发展中的基础性作用将会越来越凸显,正在成为推动我国经济发展和转型的重要支撑。

【数字红利】通常是指随着数字通信技术的发展和应用，传统的模拟通信技术被逐步取代，一些无线电业务在新的技术体制的推动下，频谱资源利用率得到提升，所需的频谱资源总量减少，部分频谱资源将成为新的可用资源，推动新兴无线电业务发展，创新经济增长模式。目前，"数字红利"主要分布在200MHz 至 1GHz 频段，可用于新的交互式电视广播、移动多媒体、移动通信以及无线宽带接入系统等。"数字红利"的出现，有助于充分发挥频谱资源的社会和经济效益，从而实现价值的最大化。

1.6　战场的"双刃剑"

2001 年 11 月 13 日，塔利班部队撤出喀布尔时，美国情报人员和侦察飞机发现了一支可疑车队，指挥官马上命令"捕食者"无人机进行跟踪。无人机在地面控制站的控制下，将拍摄的实时视频通过机载数据链系统发送至军事通信卫星，并回传至远在美国佛罗里达州的中央指挥中心。指挥官经过分析判断，确定这就是美军想要缉捕的"基地"组织高层官员车队，于是马上命令战斗部队出动 3 架 F-15 战斗机实施攻击，同时将无人机回传的图像和地理坐标信息，通过军事通信卫星发送给空中待命的 F-15 战斗机。3 架战斗机依据提供的情报向目标各投下 1 枚重达 1100 多公斤的 GBU-15 型"灵巧炸弹"，当场炸死了近百名塔利班成员。几个小时后，美军截听到 1 名"基地"组织特工从阿富汗拨打出的卫星电话，经破译后得知，在这次行动中，"基地"组织有多名高官被炸身亡，其中就有本·拉登的头号助手、"基地"组织军事指挥官穆罕默德·阿提夫。

可以说，在这次对塔利班的军事行动中，美军使用了包括 UHF 频段无人机控制系统，X 、Ku 和 Ka 频段卫星数据链，以及 GPS 导航定位系统等多种无线通信手段，并通过对电磁频谱的有效运用，完成了情报侦察、信息分发、火力打击、效能评估等环节的无缝衔接，充分体现了"发现即摧毁"的作战理念。

但是，电磁频谱的开放性，也往往能够被作战对手利用，借助情报侦察、电子干扰、精确打击等手段，扭转战场的不利态势，在局部形成优势，甚至影响战争的进程或结局。

2003 年 3 月，伊拉克战争开始的第二天，美英联军在对伊拉克的空袭中共发射了 1000 枚巡航导弹，这个数字超过了海湾战争、科索沃战争和阿富汗战争中使用导弹的总和。但是，如此之多的精确制导导弹却没有完全达到预期目的，尤其是针对萨达姆准确藏身地点进行的"斩首行动"并未如愿。美英联军专家分析后认为，美英联军使用的精确制导导弹 80% 以上都依赖 GPS 制导。伊拉克利用 GPS 接收信号功率小、易受外界电子干扰的弱点，使用从俄罗斯秘密购进的 GPS 干扰系统，对美军发射的 GPS 制导导弹进行干扰，使美军发射的导弹偏离目标，甚至有的误入伊朗和土耳其境内。美英联军找到问题根源后，立即着手摧毁伊拉克的 GPS 干扰系统。在战争开始后的第 5 天，美军维克托·雷诺尔顿少将在驻卡塔尔中央司令部的记者招待会上宣布，美英联军已摧毁了伊拉克 5 台用来干扰联军卫星定位信号的 GPS 干扰系统。随后美英联军的轰炸命中率和效果明显提升。

由此可见，电磁频谱作为信息化战争战场信息传递和电磁攻防的重要载体，使用好了，就可能成为一把"利剑"；使用不好，往往会使自身的优势变为劣势。可以说，谁合理地掌控了电磁频谱资源，谁就夺得了战场的制电磁权，谁就抢占了战争制胜的先机，谁就占据了战略的制高点。

【数据链】简单来说就是指互通数据的链路。在军事领域，数据链是一张数据网，类似于互联网，只要有一个数据终端，就可以从这个数据链里获取自己所需的信息，也可以向这个数据链的其他用户发布信息。因此，数据链有很多其他的称呼，如战术数字情报链、通信战术数据系统、联合战术信息分发系统等。数据链技术作为军用信息技术的核心，包括抗干扰通信技术、目标自动识别技术、多波束天线技术、数据融合技术等，从其登上军事舞台伊始，就引起了各国的高度关注。

在当今世界各国军队中，美军最早启动数据链建设。20世纪50年代，美国海军为解决舰机间的作战协同问题，提出在各类舰载作战飞机与水面舰艇之间建立数据交互渠道，以实现舰艇对舰载作战飞机的指挥引导，于是研制出了世界上第一套数据链设备LINK4。目前，美军和北约使用的数据链主要有LINK11、LINK16、LINK22等型号，具有较强的传输、抗截获、抗干扰和保密能力。

1.7 深远的社会影响

当今世界，我们工作生活的空间充斥着各种各样的无线电信号。通过这些信号，我们可以随时随地与亲友视频聊天，可以足不出户地点餐购物，可以轻车熟路地自驾远游，等等。十年前，当IBM提出"智慧地球"的理念时，大多数人还觉得遥不可及。十年后，我们的生活方式已经发生了翻天覆地的变化，"智慧地球"的美好愿景正在逐步成为现实。所有的这些改变，都离不开电磁频谱在各领域的广泛应用。

电磁频谱是人们实现自由沟通的"立交桥"。电磁频谱与我们日常生活关系最为紧密的应用之一就是公众移动通信。目前，我国手机用户数量已经突破了 11 亿人，以 3G、4G 代表的智能手机已经走进千家万户，不仅满足了人们随时随地自由通信的需要，还成为集拍照、娱乐、理财、购物等功能于一身的个人智能移动终端。很难想象，一个没带手机的人，他的一天将会是什么样子。

电磁频谱是丰富人们文化生活的"七彩虹"。广播电视是一种重要的传统应用，它承担着传播党和国家声音的重要使命，为促进社会经济发展、提高人民文化生活水平发挥着不可替代的作用。世界各地的重大事件、体育比赛、文艺演出，我们都能在家中观看直播，这也离不开电磁频谱的功劳。现场拍摄的图像和声音，通过微波中继和卫星电视广播，实时、清晰地呈现在百姓们的眼前！

电磁频谱是探测气象变化的"千里眼"。利用天气雷达发射电磁波探测大气云层，以及气象卫星拍摄到的卫星云图，我们可以对天气变化的趋势进行预报。相关技术在气象领域的应用，使我国成为气象预报准确率较高的国家。通过天气雷达和气象卫星等，我们可以越来越准确地探知天气变化的奥秘，越来越胸有成竹地面对灾害性天气的挑战。

电磁频谱是飞机安全飞行的"守护神"。目前，电磁频谱技术被广泛应用于航空运输、机场运行管理和空中交通管制工作，成为民航生存和发展的命脉。航空导航为飞机提供准确的方位、距离和位置信息，航空通信实现飞机调度指挥和地空联络，航空监视准确测定飞机的位置、速度和其他特性。可以说，电磁频谱是飞机与地面之间进行沟通的唯一载体。没有电磁频谱的应用，飞机就无法安全飞行。

电磁频谱是人类飞向太空的"风筝线"。对于人造卫星，地面控制中心通过电磁频谱向其发布命令，同时，人造卫星也利用电磁频谱探测地面和海洋，并通过它向地面发送获取到的信息，转播电视广播节目，传输电话和数据信息。电磁频谱像一条条无形的纽带，把遨游太空的人造卫星、宇宙飞船和地面连在一起。如果没有电磁频谱，人造卫星和宇宙飞船就会像断了线的风筝，可能永远迷失在太空。

电磁频谱是交通运输畅通高效的"安全员"。在公路交通方面，不停车收费系统（ETC）、雷达交通流量监测、交通路况信息采集系统、GPS导航定位等应用系统，使汽车行驶更加畅通高效。在轨道交通方面，列车无线调度通信、安全监护和防护、列车运行控制系统等应用系统，保障着包括高铁在内的列车安全行驶。在水上交通方面，无线电通信是保证船舶安全航行、调度指挥最有效的技术手段。

电磁频谱是社会安全的"保障者"。在北京奥运会、国庆60周年阅兵、上海世博会等重大体育赛事和庆典活动中，它都发挥了至关重要的作用。北京奥运会期间，使用了超过10万件的无线电设备，电磁频谱在计时记分、指挥调度、安全保卫、新闻宣传等方面扮演了关键角色。在汶川地震、那曲泥石流、特大洪灾等公共紧急事件中，应急通信成为连接灾区的空中纽带，甚至是唯一的信息通路。

电磁频谱是人类进行科学研究的"好助手"。利用它在遥测遥感领域的应用，人们可以进行各种地球探测活动；借助它在天文学中的应用，人类将探索宇宙的视野延伸到其他手段无法到达的宇宙深空。同时，它还可以帮助我们更加精确地掌握时间，便于构建更加复杂的互联网络；电磁频谱可以帮助我们研究野生动物的迁徙路线、生活习性和生存环境，从而更好地研究和保护它们。可以说，电磁频谱可以帮助我们全方位地了解地球，探索神秘的宇宙，了解动物王国的秘密。

链接　【智慧地球】也称为智能地球，就是把感应器嵌入和装备到电网、铁路、桥梁、隧道、公路、建筑、供水系统、大坝、油气管道等各种物体中，并且被普遍连接，形成所谓

"物联网",然后将"物联网"与现有的互联网整合起来,实现人类社会与物理系统的整合。

2008 年 11 月,IBM 提出"智慧地球"概念,2009 年 1 月,美国奥巴马总统公开肯定了 IBM"智慧地球"思路,2009 年 8 月,IBM 又发布了《智慧地球赢在中国》计划书,正式揭开 IBM"智慧地球"中国战略的序幕。"智慧地球"包括三个维度:第一,能够更透彻地感应和度量世界的本质和变化;第二,促进世界更全面地互联互通;第三,在上述基础上,所有事物、流程、运行方式都将实现更深入的智能化,企业因此获得更智能的洞察能力。

【不停车收费系统】英文简称 ETC 系统(Electronic Toll Collection System)是目前世界上最先进的路桥收费方式。通过安装在车辆挡风玻璃上的车载电子标签与在收费站 ETC 车道上的微波天线之间的微波专用短程通信,利用计算机联网技术与银行进行后台结算处理,从而达到车辆通过路桥收费站不需停车而能缴纳路桥费的目的。

第二章
驾驭"魔幻之手"

1901 年跨越大西洋无线电通信试验的成功，揭开了人类开发利用电磁频谱资源的序幕，人类社会从此进入了一个全新的电磁时代。电磁频谱是一种特殊的自然资源和重要的战略资源，它能够使信息瞬间跨越江河、大海和高山，扩展了人类的视野，影响了人类的生活，促进了社会的发展，成为改变世界的"魔幻之手"。驾驭好这只"魔幻之手"，需要依托国际、国内的相关组织机构和配套完善的法规标准，形成依法依规的管理模式，实现频谱资源科学高效地开发利用。

2.1　电磁频谱管理的"诞生"

自从 1901 年马可尼实现跨越大西洋的无线电信号传输后，人类对无线电报的应用日益广泛。当时很多邮轮上都安装了无线电台，用于与陆地之间以及与其他船只之间的通信。随着无线电台数量的不断增加，无线电干扰问题日趋严重，针对无线电频率的统一规划和管理引起了相关国家的重视。

1906 年，国际电报联盟在德国柏林召开了由 30 个国家参加的第一

图 2—1　第一届国际无线电报大会

届国际无线电报大会，签订了《国际无线电报公约》，其附件对民用通信频段和军用通信频段进行了划分，以避免相互干扰。为了解决国家内部的无线电管理问题，1918 年，英国成立无线电报委员会，协调处理国内无线电干扰问题。1927 年，美国成立联邦无线电委员会，负责管理联邦各州频段划分、频率指配和电台执照核发。为适应电信技术的快速发展，加强技术应用的顶层规划，国际电报联盟相继成立 3 个咨询委员会：国际电话咨询委员会、国际电报咨询委员会和国际无线电咨询委员会。

1932 年，70 多个国家的代表在西班牙马德里召开会议，将《国际电报公约》与《国际无线电报公约》合并，制定了《国际电信公约》，并决定自 1934 年 1 月 1 日起正式将"国际电报联盟"更名为"国际电信联盟"，简称"国际电联"或"电联"，英文简称为 ITU。同时将国际电话咨询委员会、国际电报咨询委员会和国际无线电咨询委员会并入国际电联。

国际电联的成立和《国际电信公约》的颁布，第一次在世界范围内对频谱资源进行了统一划分，同时制定了新电台的登记标准。从此，开启了电磁频谱管理的新篇章。

链接

【国际电报联盟】成立于 1865 年 5 月 17 日。当时为解决各国间有线电报无法便捷互通的问题，法、德、俄、意、奥等 20 个欧洲国家的代表在法国巴黎进行了两个半月的磋商，签订了《国际电报公约》，国际电报联盟也宣告成立。

【电磁频谱管理】国家有关机构制定电磁频谱管理政策、制度，划分、规划、分配、指配频率和航天器轨道资源，采取法律、行政、技术和经济等手段，对频率和航天器轨道资源使用情况进行监督、检查、协调、处理的活动。

电磁频谱管理的核心目标是以合理、公平、有效和经济的方式使用、利用或保护有限的电磁频谱和卫星轨道资源，使各种用频设备和台站能够经济、有效地在各种电磁环境下不受干扰地正常工作，为国家的经济建设、国防建设服务，保障人民的生命和财产安全，提高人们的物质生活和精神生活水平，推动国家经济、军事和社会的发展进步。

【无线电管理】是电磁频谱管理的主要内容，是对无线电频谱和卫星轨道资源的使用进行规划与控制的活动。是由各级无线电管理机构，运用法律、行政、技术、经济等手段，对无线电业务的频率区分，无线电设备的研制、生产、进口与销售，无线电台站的设置与使用，非无线电设备的无线电波辐射等与无线电频谱和卫星轨道资源的使用有关的事务实施的管理。目的是避免和消除无线电频率使用中的相互干扰，维护空中电波秩序，使有限的无线电频谱和卫星轨道资源得到合理、有效的利用。包括国际无线电管理、国家无线电管理、军事无线电管理以及航空无线电管理、广播电视无线电管理等。

前已述及，电磁波可划分为无线电波（分为长波、中波、短波、微波）、红外线、可见光、紫外线、X射线、γ射线等，电磁频谱就是这些不同电磁波的频率范围的总称。因此，无线电管理是电磁频谱管理中的一部分内容，也是最主要内容。

2.2 电磁频谱的国际"管家"

瑞士日内瓦是一个只有20万人口的小城，但却有多个国际机构设在这里，包括联合国日内瓦总部、世界贸易组织、世界卫生组织、世界气象组织、国际红十字会、联合国难民署等等。其中，矗立在联合国日内瓦总部附近的这座大楼（见图2—2），就是电磁频谱的国际"管家"——国际电信联盟总部所在地。

国际电信联盟（简称"国际电联"或"电联"）成立于1934年，英

图2—3 国际电信联盟标志

图2—2 国际电信联盟总部

图2—4 国际电信联盟组织结构示意图

文简称为ITU。其前身是1865年在巴黎成立的国际电报联盟。1947年10月25日，经联合国同意，国际电联总部由瑞士伯尔尼迁至日内瓦，成为联合国主管信息通信技术事务的专职机构，也是联合国中历史最长的机构之一。1992年12月，国际电联在日内瓦召开全权代表大会，通过了国际电联的改革方案，对其机构进行了重组。改革后国际电信联盟组织结构如图2—4所示。

全权代表大会是国际电联的最高权力机构，通常每4年召开一次，由各成员国的代表团参加，有点类似于我国的全国人民代表大会。全权代表大会讨论决定国际电联的大政方针和发展规划，审查电联的预算和支出，选举电联的高层管理团队，包括电联秘书长、副秘书长和各部门领导等。大会闭会期间，由其选举产生的43名理事组成的行政理事会代行大会职权。

国际电信世界大会，根据全权代表大会的决定召开，可以部分地或在特殊情况下全部地修订《国际电信规则》，处理其职责范围内具有世界性的问题。

无线电通信部门，由世界无线电通信大会、无线电通信全会、无线电规则委员会、无线电通信顾问组、无线电通信研究组和无线电通信局组成，负责有关电磁频谱和卫星轨道使用的事务，修订国际《无线电规则》。世界无线电通信大会通常每3年或4年召开一次，无线电通信全会与世界无线电通信大会在同一地点接续举行。无线电通信部门的日常工作由无线电通信局承担。

电信标准化部门，由世界电信标准化全会、电信标准化顾问组、电信标准化研究组和电信标准化局组成，主要负责推动各国政府和私营部门制定全球电信网络和业务的国际标准。世界电信标准化全会通常每4年召开一次。电信标准化部门的日常工作由电信标准化局承担。

电信发展部门，由世界电信发展大会、电信发展顾问组、电信发展研究组和电信发展局组成，主要负责提供、组织和协调技术合作和援助活动，促进和加强发展中国家电信事业的发展。世界电信发展大会通常每4年召开一次。电信发展部门的日常工作由电信发展局承担。

国际电联秘书长是国际电联的法人代表，任期4年，负责国际电联的日常工作。总秘书处在秘书长的领导下，在三个部门的协助下，拟定电联的战略政策和规则，协调其各项活动，在行政和财务方面对理事会负

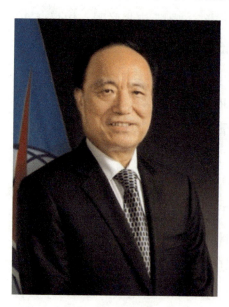

图2—5　赵厚麟

责。2014 年 10 月 23 日，赵厚麟当选为国际电联新一任秘书长，成为国际电联 150 年历史上首位中国籍秘书长，改变了一直由西方发达国家人士担任电联领导人的格局。

目前，国际电联的成员包括了全球 193 个国家和 700 多个民间会员组织（包括各大电信运营商、设备制造商、电信研发机构及国际性和区域性电信组织），其职能也扩展到了与电信有关的所有领域。随着世界各国在电磁频谱和卫星轨道资源方面竞争日趋激烈，国际电联在维护和扩大国际合作，协调各国电信管理部门间事务，提高资源使用效益，促进新兴技术发展和应用等方面发挥着越来越重要的作用。

链接

【国际电联的宗旨】①保持和扩大所有国际电联成员国之间的国际合作，以改进和合理使用各种无线电业务；②促进和加强各实体和组织对国际电联活动的参与，并促进它们与成员国之间建立富有成果的合作和伙伴关系，以实现国际电联宗旨中所述的各项总体目标；③在电信领域内促进和提供对发展中国家的技术援助，并为落实这一宗旨而促进物质、人力和财务资源的筹措，促进信息的获取；④促进技术设施的发展及其最有效的运营，以提高电信业务的效率，增强其效用并尽量使之为公众普遍利用；⑤促使世界上所有居民都得益于新的电信技术；⑥推动电信业务的使用，增进和平的关系；⑦协调各成员国的行动，促进在成员国和部门成员之间建立富有成果和建设性的合作和伙伴关系，以达到上述目的；⑧通过与其他世界性和区域性政府间组织以及那些与电信有关的非政府组织的合作，在国际层面上促进从更宽的角度对待全球信息经济和社会中的电信问题。

【国际电联的职能】①实施无线电频谱的频段划分、无线电频率的分配和无线电频率指配的登记，以及空间业务中对地静止卫星轨道的相关轨道位置及其他轨道中卫星的相关特性的登记，以避免不同国家无线电台之间的有害干扰；②协调各种努力，消除不同国家无线电台之间的有害干扰，改进无线电通信业务中无线电频谱的利用，改进对地静止卫星轨道及其他卫星轨道的利用；③促进全世界的电信标准化，实现令人满意的服务质量；④借助所掌握的一切手段，包括酌情通过参加联合国的有关方案和利用自身的资源，在向发展中国家提供技术援助和在发展中国家建立、发展和改善电信设备和网络方面促进国际合作和团结；⑤协调各种努力，使电信设施，尤其是采用空间技术的电信设施得以和谐地发展，并尽可能充分利用它们；⑥促进成员国与部门成员之间的合作，以便制定与有效服务相对称的尽可能低廉的费率，同时考虑到维持良好的独立电信财务管理的必要性；⑦通过在电信业务上的合作，促进各种保证生命安全的措施得以采用；⑧对各种电信问题进行研究，制定规则，通过决议，编拟建议和意见，并收集与出版资料。

2.3 走过百年的"国际规则"

2016 年 12 月 12 日，国际电信联盟在瑞士日内瓦举行仪式，庆祝《无线电规则》诞生 110 周年。出席仪式的有 105 个国家和地区的 540 多名代表以及国际电联的原任和现任官员。国际电联秘书长赵厚麟在庆祝仪式上致辞："国际电联可以自豪地宣布，《无线电规则》发布 110 周年就是国际电联成员国在电信行业合作伙伴的大力支持下，通过达成共识成功开展国际合作的历程。随着我们这个联网世界变得日益复杂及无线系统的普及和发展，保持无线电通信大会的举办频次和效率，以及时更新这一宝贵法律文件变得比以往更加重要。"下面，让我们来回顾一下《无线电规则》走过的一百多年。

1906年11月3日，来自德、英、法、美、日等30个国家的代表在柏林签署了《国际无线电报公约》，以解决各国无线电报由于技术体制不同而不能便捷互通的问题。在公约的附件中，将民用电报通信与军用电报通信使用的频段进行了区分，确定了"SOS"遇险呼救信号，形成了第一部《无线电规则》。这一年，距离1901年人类首次成功进行跨大西洋无线电通信仅仅过了5年，能够使用的无线电频率范围还不到1MHz，无线电话通信还处在实验阶段，无线电通信方式只有莫尔斯电报一种。

1912年4月14日，载有2200多人的英国豪华邮轮"泰坦尼克号"在北大西洋触冰，在沉没前发出了"SOS"遇险呼救信号。一艘收到呼救信号的船只赶到出事海域，救出了700多人。无线电通信的巨大作用首次为世人所知。事后人们反思，如果当时距离"泰坦尼克号"最近的船只能够收到信号，就可以救出更多的人。几个月后，在伦敦召开的第二届国际无线电报大会上，《无线电规则》规定了全球无线电遇险信号使用统一的频率，同时要求所有海上船只每隔一段时间就要在遇险信号频率上监听是否有遇险呼叫。

1920年后，无线电声音广播出现，短波频段也开始用于无线电通信。1927年修订《无线电规则》时，频率范围扩展到10kHz至60MHz，无线电业务种类增加到固定、移动、广播、业余和实验等多种业务。

图2—6　《无线电规则》

1957 年 10 月 4 日，苏联成功发射了第一颗人造地球卫星；1958 年 12 月，美国发射了第一颗广播试验卫星。随着人类的步伐迈向太空，1959 年世界无线电通信大会上，《无线电规则》首次引入了空间业务，并为其划分了频段，为以后的太空探索提供了保障。

1979 年的世界无线电通信大会是国际电联历史上意义最为重大的会议之一。经过 3 个多月马拉松式的谈判，修订了整个《无线电规则》，做出了诸多新的频率划分，包括为移动业务划分 900MHz 频段，为卫星无线电导航业务划分 1.2GHz 频段，确定 2.4GHz 频段为开放公用的工科医频段等。上述划分为世界各国公众移动通信、卫星导航和无线局域网的发展奠定了基础。

随着卫星通信、卫星广播的发展和运用，一些发达国家频频发射卫星，占用了越来越多的卫星轨位。许多发展中国家担忧本国今后将没有可利用的轨道位置。为此，1988 年的世界无线电通信大会，专题研究各国对静止卫星轨道的平等使用权利问题。最终，在《无线电规则》中确定将部分卫星广播和卫星通信频段平等地分配给各国，同时根据覆盖区域的不同分配给各国 1 个或多个静止卫星轨位。

进入 21 世纪后，公众移动通信系统迅速普及，移动互联网络正在走入社会大众的生活。2000 年，《无线电规则》为公众移动通信新划分了 1.8GHz 和 2.6GHz 频段，为新一代公众移动通信的发展奠定了基础；2003 年修改的《无线电规则》将 5GHz 频段的 545MHz 频谱开放用于无线局域网，促进了 Wi-Fi 的持续发展；2007 年修改的《无线电规则》为无人机系统划分了频率，并将部分原用于电视广播的频段改用于公众移动通信，释放出了"数字红利"；2015 年修改的《无线电规则》为全球航班跟踪系统增加了频率划分，使全球任何位置飞行的民航飞机都处于实时监控之中，避免今后再次出现民航飞机失踪的悲剧。

1906 年至 2016 年的 110 年间，国际电信联盟共组织召开了 38 届无线电通信大会对《无线电规则》进行修订和更新。目前,《无线电规则》内容共有 4 卷 2000 多页,频率范围扩展到了 3000GHz,涵盖的无线电业务种类达 40 多种。随着无线电技术的进步和无线电应用的扩展,《无线电规则》还将继续紧跟时代的步伐,不断进行充实和更新,为频率和卫星轨道资源的科学管理和使用发挥更大的作用。

【《无线电规则》】由条款、附录、决议和建议 4 部分组成。

①条款。主要包括:无线电业务、台站、频率管理的名词、术语的定义;频谱区域划分、频率划分表、频率指配与使用规则;频率指配的国际协调、通知与登记方法;无线电干扰的国际监测、报告与处理程序;电台的执照、发射标识、业务文件的规定;各种无线电业务的具体操作规定。

②附录。主要包括:国际频率通知单的内容与格式、需提前公布的卫星网络资料、部分业务频段的国际频率分配表、部分业务电台的技术特性、有害干扰报告、卫星网络的协调计算方法、卫星频率 / 轨道的国际分配表等。

③决议。世界无线电通信大会(或 1992 年前的世界无线电行政大会)通过的各项决议。

④建议。世界无线电通信大会(或 1992 年前的世界无线电行政大会)以及国际电联无线电通信全会通过的各项建议。

2.4　我国无线电管理的"前世今生"

新中国成立之前,由于受到经济发展水平的制约和战争的影响,我国的无线电管理事业发展缓慢、举步维艰。那段时期所谓的无线电管理机构设置在国民党军队的特务机关——军统保密局,不但审批电台的设置,而且还要严格审查播出的内容,俨然成为服从政治、服从战争的工具。据估计,新中国成立前全国的无线电台总数不超过几千部,相互之间几乎没有干扰。

新中国成立后,恢复经济建设和医治战争创伤的工作十分艰巨,百废待兴、百业待举,无线电管理工作尚未提到重要位置。1950 年 10 月,抗美援朝战争爆发,中国人民志愿军进入朝鲜作战。当时,前后方的通信联络主要依靠无线电通信。由于缺乏统一管理,无线电台的使用较为混乱,通信联络效果很受影响。潜伏大陆的敌特分子也经常使用无线电台向外传送情报。为此,1951 年 4 月,中共中央、政务院和中央军委专门召开无线电控制和管理会议,决定成立中央天空控制组,由中央军委总情报部部长李克农任组长,军委通信部部长王诤任副组长,按照"统一管理、电台登记、器材控制、加强纠察"的原则,对无线电台的使用实施军事管制。

1962 年,中共中央决定成立中央无线电管理委员会(简称"中央无委")和各中央局无线电管理委员会(简称"中央局无委")。中央无委由副总参谋长杨成武担任主任,办事机构设在中国人民解放军通信兵部,负责统一管理全国无线电频率的划分和使用,审定固定无线电台的建设布局。东北、华北、西北、华东、中南、西南等中央局无委负责辖区内的无线电管理工作,日常办事机构分别设在沈阳、北京、兰州、南京、广州、成都军区通信兵部。

1963 年,各省、自治区、直辖市成立无线电管理小组。1965 年,中央无线电管理委员会成为中共中央的一个部委,其名称为"中共中央无线电管理委员会";中央局以及各省、自治区、直辖市无线电管理委员会也调整为中国共产党的组织机构。1966 年"文化大革命"开始后,各级无线电管理机构逐渐陷入瘫痪。

1971年5月，国务院、中央军委发出通知，恢复中共中央和各省、自治区、直辖市无线电管理委员会，成立各大军区无线电管理委员会。恢复后的中共中央无线电管理委员会改称全国无线电管理委员会，由副总参谋长阎仲川任主任，办公室设在中国人民解放军通信兵部。1972年5月30日，国际电联第27届行政理事会确立了中华人民共和国在国际电联的合法权利和席位。1973年，中华人民共和国加入《国际电信公约》，并成为国际电联理事国之一。

随着世界科技发展第三次浪潮的涌起，以现代电子技术、信息技术为特征的第三次产业革命使人们对无线电管理的认识进一步加深，确立了无线电管理为中央首脑机关服务，为国防建设和经济建设服务，中心是为经济建设服务的指导思想。1984年4月，国务院、中央军委决定调整各级无线电管理委员会组织机构，全国无线电管理委员会改称国家无线电管理委员会，主任不再由军队领导担任，而是由国务院副总理李鹏担任，但委员会办公室仍设在总参通信部；省以下无线电管理委员会也由军队移交地方，由政府负责同志担任主任，军队负责同志和政府秘书长（副秘书长）任副主任，办事机构设在政府办公厅，实行军地联合办公；组建国家、大军区和省（自治区、直辖市）无线电监测计算站。

1986年11月，国务院、中央军委决定实行统一领导、军地分工管理的无线电管理体制。国家无线电管理委员会统一领导全国党政军民的无线电管理工作，其办事机构由军队转到政府，办公室设在邮电部；军队设立中国人民解放军无线电管理委员会，在国家无线电管理委员会领导下，负责军事系统的无线电管理工作，军队派人担任国家无委办公室及其主要部门的副职。1987年，改设到邮电部的国家无委办事机构开始对外办公；中国人民解放军无线电管理委员会（简称"全军无线电管理委员会"）成立，由副总参谋长徐惠滋任主任，办公室设在总参谋部通信部，简称

"全军无委办"。

1994年5月，国务院决定实行国家和省（自治区、直辖市）两级管理体制。国家无委为全国无线电管理机构，省（自治区、直辖市）无委为省级无线电管理机构，无委办公室在邮电部门单设。省以下不再设无线电管理机构，省无委办公室根据工作需要可在省会城市及地市一级设立派出机构（包括无线电监测站）。国务院有关部门设立的无线电管理机构，接受本部门和国家无线电管理机构的领导，负责本系统的无线电管理工作。

1998年，国务院实行机构改革，国家无线电管理委员会及其办公室的行政职能由新组建的信息产业部无线电管理局（国家无线电办公室）承担。2000年，省级政府机构开始改革后，省级无线电管理机构陆续改设到省信息产业厅。有的改称无线电管理局，有的仍然保留无线电管理委员会办公室的名称。

图2—7　20世纪90年代国家无线电办公室

　　2005 年，全军无线电管理委员会改称全军电磁频谱管理委员会，统一负责全军电磁频谱管理工作，参与拟订国家有关无线电管理的方针、政策；全军无线电管理委员会办公室改称全军电磁频谱管理委员会办公室（简称"全军频管办"），主管全军电磁频谱管理业务工作。

　　2008 年 3 月，国务院进行"大部制"改革后，新组建的工业和信息化部（简称"工信部"）接替了原信息产业部的无线电管理职能。无线电管理局作为工信部内设机构，具体承担国家无线电管理职能。

表2—1　我国无线电管理机构发展沿革

年份	我国电磁频谱管理机构
1951	中央天空控制组成立
1962	中央无委和各中央局无委成立
1963	各省、自治区、直辖市无线电管理小组成立
1965	中共中央无线电管理委员会成立
1966	各级无委工作陷入瘫痪
1971	全国无线电管理委员会成立 各大军区无线电管理委员会成立
1977	实行军地联合办公
1984	全国无线电管理委员会更名为国家无线电管理委员会 省以下无线电管理委员由军队移交地方
1987	中国人民解放军无线电管理委员会正式成立
1994	实行中央和省（自治区、直辖市）两级管理体制
1998	信息产业部设立无线电管理局
2000	省级无线电管理机构陆续改设到省信息产业厅
2002	军地协商联席会议制度建成
2008	工信部接替原信息产业部的无线电管理职能

我国的无线电管理机构经过六十多年的发展，逐步建立起了在国务院、中央军委的统一领导下，军地分工管理、分级负责的无线电管理体制。目前，在军民融合国家发展战略的总体布局下，我国不断深化电磁频谱管理领域的军民融合，探索军民联管联控的体制机制，加速推进经济社会和国防建设的协调发展。

链接　【工业和信息化部无线电管理局的组成与职责】无线电管理局下设综合处、地面业务处、空间业务处、频率规划处、监督检查处和无线电安全处，其主要职责包括：编制无线电频谱规划；负责无线电频率的划分、分配与指配；依法监督管理无线电台（站）；负责卫星轨道位置协调和管理；协调处理军地间无线电管理相关事宜；负责无线电监测、检测、干扰查处，协调处理电磁干扰事宜，维护空中电波秩序；依法组织实施无线电管制；负责涉外无线电管理工作。工业和信息化部无线电管理局对各省（自治区、直辖市）无线电管理机构和国家无线电监测中心进行业务指导。

2.5　我国无线电管理的"总章程"

2016 年 11 月 11 日，中央军委主席习近平、国务院总理李克强签署命令，发布修订后的《中华人民共和国无线电管理条例》，并于 2016 年 12 月 1 日起施行，替代 1993 年 9 月 11 日发布的我国第一部《中华人民共和国无线电管理条例》。

《中华人民共和国无线电管理条例》（以下简称《条例》）共 9 章 85 条，是我国境内无线电管理的最高法规。《条例》规定：无线电管理工作在国务院、中央军委的统一领导下分工管理、分级负责。国家无线电管理机构负责全国无线电管理工作，依据职责拟订无线电管理的方针、政策；中国人民解放军电磁频谱管理机构负责军事系统的无线电管理工作，参与拟订国家有关无线电管理的方针、政策；省、自治区、直辖市无线电管理机构在国家无线电管理机构和省、自治区、直辖市人民政府领导下，负责本行政区域除军事系统外的无线电管理工作。

对于无线电频率的使用，《条例》规定：除一些特殊的频率外，使用无线电频率应当取得无线电管理机构的许可，并按照国家有关规定缴纳无线电频率占用费。不经许可即可使用的特殊频率包括：用于航空通信导航和海上通信导航的国际固定频率、国际安全与遇险频率、国家规定的微功率短距离设备频率以及业余无线电台频率等。

对于无线电台（站）管理，《条例》规定：设置、使用无线电台（站）应当向无线电管理机构申请取得无线电台执照；擅自设置、使用无线电台（站）的，由无线电管理机构责令改正，没收从事违法活动的设备和违法所得，可以并处 5 万元以下的罚款。但使用公众移动通信终端、微功率短距离无线电设备以及单收无线电台不需要无线电台执照。

对于无线电发射设备管理，《条例》规定：除微功率短距离无线电发射设备外，生产或者进口在国内销售、使用的其他无线电发射设备，应当向国家无线电管理机构申请型号核准，并在设备上标注型号核准代码。

对于涉外无线电管理，《条例》规定：无线电频率协调的涉外事宜，以及我国境内电台与境外电台的相互有害干扰，由国家无线电管理机构会同有关单位与有关的国际组织或者国家、地区协调处理。需要向国际电信联盟或者其他国家、地区提供无线电管理相关资料的，由国家无线电管理机构统一办理。境外任何组织或者个人不得在我国境内进行电波参数测试或者电波监测。任何单位和个人不得向境外组织或者个人提供涉及国家安全的境内电波参数资料。

链接

【无线电台执照】合法设置、使用无线电台（站）的法定凭证。由国家无线电管理机构印制。分为《中华人民共和国无线电台执照》《中华人民共和国船舶无线电台执照》和《中华人民共和国航空器无线电台执照》三种。无线电台执照的有效期不超过三年，临时无线电台执照的有效期不超过半年。各类无线电台（站），除军队装备的以外，必须持有电台执照，方可投入使用。

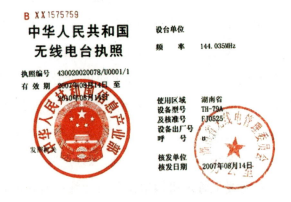

图2—8　无线电台执照样例

【无线电干扰】无用信号进入无线电系统而对有用信号的接收产生损害的事实。这种损害通常表现为接收质量下降、信息误差或通信中断。造成无线电干扰的无用信号称为无线电干扰信号。按无线电干扰对无线电系统的影响程度，分为允许干扰、可接受干扰和有害干扰等三级。按有用接收信号与无线电干扰信号的频率关系，可分为同频干扰、邻频干扰、带外干扰、互调干扰等类型。

2.6　我国频谱资源管理的"基本法"

随着无线电应用的日益广泛，无线电业务现在已有40多种，而人类能够开发利用的无线电频率也已达到300GHz。如何保证各种无线电业务有序地使用无线电频谱,避免由于乱用频率造成各种业务相互干扰,就需要对频谱使用进行科学的安排,也就是进行频率划分。

频率划分,简单来说就是规定每段频率用来干什么。比如87~108MHz频段用于广播,108~117.975MHz频段用于航空无线电导航;117.975~137MHz频段用于航空移动(即航空通信,包括地面与飞机之间的通信以及飞机与飞机之间的通信)。"广播""航空无线电导航""航空移动"等就是无线电业务,也就是使用频率所干的事。一个频段可以划分给多种业务,否则无法满足各种业务对频谱资源的使用需求。多种业务共用一个频段的前提是这些业务能够在一定条件下兼容工作,不会相互干扰。

国际电联《无线电规则》的核心内容就是国际无线电频率划分表。有些业务使用频率时会涉及多个国家,如卫星导航、卫星通信、卫星地球探测等,各国自然需要使用相同的频率;还有一些各国通用的业务,如航空通信、航空导航、海上通信、海上导航等,各国使用相同的频率会非常方便,有利于跨国航空和海上运输。这类的业务,一般各国都会按照国际无线电频率划分表的统一规定使用相应的频段。

但由于各国的国情不同,无线电技术的应用不完全相同。比如大多数小国没有航天方面的应用,非沿海国家对水上业务应用较少等等。所以,在国际频率划分的基础上,各国通常根据本国的具体应用情况制定本国的无线电频率划分规定。

图2—9 《中华人民共和国无线电频率划分规定》

《中华人民共和国无线电频率划分规定》是依据国际电信联盟《无线电规则》中的国际频率划分，结合中国无线电业务发展的实际情况，对国内各种无线电业务使用的频率（频段）作出的具体规定，是我国频谱资源管理的基本法规。在中华人民共和国境内（港澳台地区除外）研制、生产、进口、销售、试验和设置使用的各种无线电设备，频率使用均应遵守该规定。进行频率规划、频率分配和频率指配，也应以该规定为依据。

在《中华人民共和国无线电频率划分规定》中，无线电频率划分表分为中国大陆地区、香港特别行政区、澳门特别行政区和国际电联第三区共四栏。频率划分的范围从8.3kHz至275GHz。中国属于国际电联第三区，因此在《中华人民共和国无线电频率划分规定》摘录了国际电联《无线电规则》中第三区的频率划分。中国大陆的频率划分有的频段与国际电联第三区一致，有的频段不一致。比如，国际电联第三区在410~420MHz频段中只有固定、移动和空间研究等3种业务，而中国大陆在此频段还有"无线电定位"业务。无线电定位业务实际上就是雷达。之所以中国多此一种，主要是因为我国以往雷达技术发展滞后于西方发达国家，当西方国家雷达普遍更新换代到1GHz以上频段时，我国还有相当数量的雷达使用1GHz以下频段，因此为保障这些雷达的合法使用，在400MHz频段仍旧保留了"无线电定位"业务的划分。

根据"一国两制"的原则，在香港、澳门特别行政区内无线电频率的使用应分别遵守香港、澳门特别行政区政府有关无线电管理的法律和规定。《中华人民共和国无线电频率划分规定》中所列入的香港、澳门无线电频率划分表由香港、澳门特别行政区政府分别制定和执行，一切有关资料或修订以香港、澳门特别行政区政府的法定文本为准。台湾地区无线电频率划分表暂未列入《中华人民共和国无线电频率划分规定》。

链接

【无线电业务】利用无线电波传输、发送或获取信息的业务。是人类对无线电频谱的利用方式。无线电业务分为地面业务、空间业务和射电天文业务三大类（如图2—10所示）。

【无线电频率划分】将无线电频谱分割为若干频段，再将每一频段指定给一种或多种无线电业务在规定条件下使用的活动。频率划分主要根据各频段电波的传播特性、各种业务的要求、无线电技术的发展水平以及各国的具体情况，由具有行政权力的大会讨论确定。无线电频率划分的结果，以无线电频率划分表的形式进行发布，具

图2—10　无线电业务分类

有法规效力，是无线电频率规划、分配、指配的依据。国际、国家、军队无线电管理机构分别组织不同范围的频率划分。

【专用频率】根据无线电频率划分规定，由某种业务或某个部门专用，其他业务或部门不得使用的无线电频率。遇险和安全通信、航空无线电导航业务、标准频率和时间信号业务等都规定有专用频率。

【保护频率】无线电管理机构规定不准对其产生有害干扰的频率。根据保护的范围，保护频率可分为：国际保护频率、国内保护频率、地区性或临时性保护频率。

【禁用频率】禁止发射的频率。根据禁止发射的范围，禁用频率可以分为三类：一是国际电联为保护射电天文业务的正常进行，禁止使用的频率；二是为了保护其他符合规定的重要业务而禁止使用的频率；三是根据某地区的特殊需要，由管辖该地区的无线电管理机构规定在一定时间内禁止使用的频率。

【共用频率】无线电频率划分表中，由两种或两种以上无线电业务共同使用的频率（段）。共用同一频率（段）的多种业务分为主要业务和次要业务，各主要业务具有同等的权利，各次要业务具有同等的权利。出现干扰时，按次要业务让主要业务、后用让先用、无规划让有规划的原则处理。

2.7 我国用频秩序管控的"尚方宝剑"

2015年9月3日，北京天安门广场，举世瞩目的纪念中国人民抗日战争暨世界反法西斯战争胜利70周年阅兵式（简称"9·3阅兵"）在这里举行。来自世界49个国家的元首和政要，与我国党和国家领导人一起，站在天安门城楼上，注视着天空阵型严谨的飞机编队、地面迈着整齐步伐的军人方队以及浩浩荡荡的武器装备车辆方阵。阅兵和纪念大会的整个过程秩序井然。在宏大场面的背后，无线电频谱发挥了不可替代的支撑保障作用。对各方队的指挥通信、习主席的检阅扩音、新闻记者的现场报道、安全保卫指挥等等，都是通过无线电频谱，紧张有序地完成了各自的工作。"9·3阅兵"用频秩序的有效管控，最有力的武器就是《中华人民共和国无线电管制规定》这一"尚方宝剑"。

依据《中华人民共和国无线电管制规定》，北京市人民政府事前发布了大会期间对北京市部分区域实施无线电管制的通告，规定：2015年9月3日0时至12时，以天安门广场为中心，东三环至西二环、南二环至北二环的区域内，除经无线电管理机构批准、用于服务保障纪念大会的无线电台（站）外，在管制区域内禁止使用无线对讲机（包括手持机和车载台）、内部无线寻呼台、无线局域网（WLAN）室外基站、无线扩频室外台（站）、无线传声器（无线话筒）、大功率无绳电话，以及大型（大功率）辐射无线电波的非无线电设备。同时，全市范围内停止使用业余无线电台、校园调频广播电台、无线寻呼台、中继台、各类航空航海和车辆模型无线遥控设备（包括各类无人机），以及采用寻呼方式设置的发射台。

《中华人民共和国无线电管制规定》是国务院和中央军事委员会于2010年8月31日颁布的。该规定明确：无线电管制，是指在特定时间和特定区域内，依法采取限制或者禁止无线电台（站）、无线电发射设备和辐射无线电波的非无线电设备的使用，以及对特定的无线电频率实施技术阻断等措施，对无线电波的发射、辐射和传播实施的强制性管理。

根据维护国家安全、保障国家重大任务、处置重大突发事件等需要，国家可以实施无线电管制。在全国范围内或者跨省、自治区、直辖市实施无线电管制，由国务院和中央军事委员会决定。在省、自治区、直辖市范围内实施无线电管制，由省、自治区、直辖市人民政府和相关军区决定，并报国务院和中央军事委员会备案。

国务院和中央军事委员会决定在全国范围内或者跨省、自治区、直辖市实施无线电管制的，由国家无线电管理机构和军队电磁频谱管理机构会同国务院公安等有关部门组成无线电管制协调机构，负责无线电管制的组织、协调工作。在省、自治区、直辖市范围内实施无线电管制的，由省、自治区、直辖市无线电管理机构和战区电磁频谱管理机构会同公安等有关部门组成无线电管制协调机构，负责无线电管制的组织、协调工作。

《中华人民共和国无线电管制规定》对于保障国家和军队各项重大活动的用频秩序具有重要作用。根据这一规定，军队和有关省、市已多次在我国局部地区组织实施无线电管制，有力保障了各项重大活动的顺利进行。

链接 【无线电干扰查处】无线电管理机构查找有害干扰源，处理相关责任单位或个人的过程。是维护空中电波秩序、保障合法用户正常开展无线电业务的管理措施。其过程包括：受理受扰申诉、确定干扰源、处理干扰。

2.8 没有"规矩"不成方圆

标准化在现实生活中，与我们的工作和生活息息相关，每逢"公说公有理，婆说婆有理"时，如果拿标准来说事，往往就能把复杂问题简单化。

例如，目前广泛使用的 USB（Universal Serial Bus）接口，是连接计算机系统与外部设备的一种串口总线标准，也是一种输入输出接口的技术规范，被广泛地应用于个人电脑和移动设备等信息通信产品，并扩展至摄影器材、数字电视、游戏机等其他

图 2—11　USB 接口的 U 盘

相关领域。最初这些设备并不是统一使用这种接口，如 IDE 接口的硬盘、PS/2 串口的鼠标键盘、并口的打印机扫描仪等。面对这么多不同标准的接口，使用者需要花费大量时间与精力找到与之相匹配的连接装置。自从有了 USB 之后，这些计算机的外部设备统统可以用同样的接口与计算机连接，大大方便了用户的操作使用。

同样，对于电磁频谱管理来说，要想驾驭好这只"魔幻之手"，也需要有一套科学的标准来约束电磁频谱的使用。例如卫星通信地球站与其

图 2—12　GB 13615《地球站电磁环境保护要求》

他发射台站在一起工作时，二者都会辐射出电磁波，它们之间可能会发生电磁干扰，那什么情况下二者能和平共处？什么情况下二者会互相干扰呢？GB 13615《地球站电磁环境保护要求》给出了地球站与其他发射台站在一起工作时允许的干扰值范围，在这一范围内，二者是好朋友，和平共处；若超出这一范围值，二者的和平共处模式被破坏，很可能引发电磁干扰。

目前，我国发布的电磁频谱管理方面的技术标准中，有一些明确了用频系统（设备）在使用过程中与其他用频系统（设备）

"和平共处"的基本条件,也就是系统间电磁兼容性要求。此外,还有一部分标准规范了用频设备相关参数的限值和测量方法,约束设备的研制和生产。例如 GJB 7592《雷达电磁频谱发射限值及测量方法》,明确了雷达某些频谱参数的限值要求和测量方法,在雷达研制、生产、使用过程中须参照此标准执行。

俗话说,"没有规矩不成方圆"。电磁频谱管理技术标准就是开展这项工作的"规矩"。只有立好规矩、用好规矩,才能更规范地使用频率资源,更高效地管控频率资源,让电磁频谱这只"魔幻之手"更好地服务于人类文明进步和社会发展。

链接

【技术标准】是对标准化领域中需要协调统一的技术事项所做的统一规定。技术标准主要包括:基础类标准、产品类标准和方法类标准。

【电磁频谱管理技术标准】是根据国家和军队的电磁频谱管理法规,由国家或军队主管部门,以特定形式发布的一系列技术性法规文件。目前国家和军队正式发布的技术标准共计 6 类 110 余个。

【电磁环境】一定空间内所有电磁现象的总和,包括人为电磁辐射源和自然电磁辐射源。人为电磁辐射源,包括无线电设备和辐射电磁波的非无线电设备两类。无线电设备有通信、雷达、导航、制导、广播、电子对抗设备等;辐射电磁波的非无线电设备有工业、科学、医疗设备、电气化运输系统、高压输电线路、电磁脉冲武器以及计算机、家用电器等。自然电磁辐射源主要包括雷电和宇宙星体。雷电放电产生大气噪声,太阳、月亮、恒星、行星和星系产生太阳无线电噪声、太空背景辐射等各种宇宙噪声。

2.9 失之毫厘，谬以千里

1998 年 2 月，美国宇航局发射了一枚探测火星气象的卫星，预计 1999 年 9 月 23 日抵达火星轨道。然而，在卫星飞行过程中，研究人员惊讶地发现，卫星没有进入预定的火星轨道，而是在闯入火星大气层后坠毁。宇航局官员经过全面调查发现，引起这次事故的原因居然是太空船调整航向的推进器，在推进力这个参数上没有进行英制和公制的转换。原来，太空船航向推进器制造商洛克希德·马丁航天公司提供的资料是以英制的"磅"为单位，而负责操作的喷射推进实验室（国家实验室）导航员认为推进器的推力是以公制的"牛顿"为单位。日积月累，最终导致误差越来越大。就是这么一个小小的纰漏造成的损失有多大呢？其他损失不计，单单卫星的造价就高达 1.25 亿美元，这些巨额费用就这样全泡了汤。

失之毫厘，谬以千里，有时看似一个简单的量值统一问题，就会酿成无法弥补的大错，这就是计量作用的重要体现。计量二字，名曰量度，字曰统计，是指实现单位统一、量值准确可靠的活动。上古时代，人们滴水计时，掬手为升，萌发了计量的雏形。封建社会秦始皇统一了度量衡，以度万物长度，量天地容量，求万事公平。

当今社会，计量已渗透到日常生活的方方面面，想必大家知道，我们经常接触超市或者菜市场的电子秤，电子秤量值是否统一、准确，决定着我们所购买的物品是否足金足两，买得放心；医用血压计、体温计再到出租车计价器、各种尺子等等，量值是否统一、准确，就关乎到我们判定身体健康与否和贸易是否公平。

在军事方面，计量也发挥着重要作用，装备越发展，越需要计量的保障。在战火纷飞的抗美援朝战场上，曾发生过无坐力炮膛炸和近炸的严重事故，使我军付出了血的代价。事故发生的主要原因，是由于当时我国还没有建立统一的长度计量基准和有效的量值传递系统，致使制造炮和炮弹的工厂量值不统一。

新中国成立之初，党中央决定搞尖端武器装备时，聂荣臻元帅把计量工作列为国防科研"开门七件事"之一。在原子弹、氢弹试验时，相关部门开展了动态压力、动态温度、脉冲流量等一系列计量试验，为"两弹一星"的成功研制发挥了重要作用。经过60多年的发展，军事计量如今已成为国防科技和军队信息化建设的主要支撑。

在电磁频谱领域，随着用频设备数量的增多，电磁环境日趋复杂，需要频谱管理部门科学、有效地实施频谱管理。而要想对频谱实施科学管理，需要大量实际测试数据的支撑。例如我们进行的电磁环境监测、设备检测、频谱探测等等。这些数据准确与否，直接关系到我们对电磁环境状

图2—13 古代计量方法

况的判定是否准确，实施频率的分配、指配是否合理，直接影响着频谱管理工作的科学性和权威性。通过计量检定，可以实现频谱管理设备的计量单位统一、量值准确一致和测量结果正确可信，为科学有效地开展电磁频谱管理工作奠定基础。

如今，毫不夸张地说，任何科学、任何部门、任何行业、任何活动，都直接或间接地、有意或无意地需要计量。计量水平的高低，已成为衡量一个国家的军事、科技、经济和社会发展程度的重要标志之一。

链接

【军事计量】是现代计量学与军事装备相结合，保障军事装备量值准确统一的一门学科。军事计量是研究装备测量技术及测试方法的科学，涉及无线电、时间频率、电离辐射、化学、光学、电磁学等多个专业技术领域。其主要任务是运用先进的测量技术和科学的测试方法，对装备、检测设备及校准设备进行定期的检定或校准，确保装备性能参数的量值准确和统一。

【军事频谱管理计量】是军事计量工作在电磁频谱管理中的具体实践和应用，它是以科学先进的计量测试技术为手段，通过建立完善的电磁频谱管理计量保障体系，对频管装备及检测设备进行检定和校准，从源头上控制由于量值失准而引发装备作战效能的降低甚至丧失的潜在危险。

第三章
抢占国家战略利益的制高点

近年来，在以新一代信息技术为核心的科技革命牵引下，世界各国和军队的信息化建设迅速发展，电磁空间领域里的角逐日益激烈。世界各国都把维护和拓展用频权益作为国家战略安全的重要方面，军事强国把电磁空间作为继陆、海、空、天、网之后的"第六作战域"。电磁频谱在国民经济、社会发展、国防建设中的战略性支撑作用越来越凸显，已经成为信息时代国家战略利益的制高点。

3.1 "逐鹿"国际舞台

2015 年 11 月 2 日，瑞士日内瓦迎来了一场重要的国际会议——2015年世界无线电通信大会（WRC-15 大会）。这是国际电联无线电通信部门最高级别会议，也是世界信息通信领域的国际立法缔约大会，更是世界范围内各方利益博弈的大会。

在气势恢宏的日内瓦国际会议中心，来自 162 个国际电联成员国、136 个相关国际组织，以及科研机构和运营、制造企业的 3275 名代表聚集一堂，共同讨论审议 40 余项议题，这其中就涉及无线电业务新增频率

图 3—1　WRC-15 大会现场

划分、扩展频率划分等问题。议题解决方案直接关系到对《无线电规则》有关条款的修订。

　　《无线电规则》是国际电联各成员国开展频率资源划分的"基本法"，它的每一次修订都会对各国的政治、经济和军事产生重大而深远的影响。美、俄、德、法、英、日等发达国家非常重视此次会议，纷纷派出强大的代表团，力求主导《无线电规则》的修订，谋求本国利益的最大化。

　　作为正在崛起的世界性大国，我国高度重视世界无线电通信大会这一国际舞台，通过主导和影响《无线电规则》的修订，最大限度地维

图 3—2　WRC-15 大会中国代表团

护我国主权、安全和发展。此次会议，我国派出了由工信部刘利华副部长担任领队，来自工信部、交通部、公安部、气象局、民航局、新闻出版广电总局等部门及电信企业、科研院所等单位的 135 位专家组成的代表团。

在为期一个月的会议中，几乎每一项议题的讨论都是一场旷日持久的"拉锯战"。每一个最终方案的达成，都是各方立场观点的争论和折中，都是各种利益的博弈和平衡。特别是在一些涉及核心利益的关键问题上，争论会更加激烈，甚至会处于僵持状态。如何守住本国利益底线，如何使本国利益最大化，如何达成相对统一的意见，这是对与会代表的极大挑战和心理意志考验。

近年来，随着经济社会的不断发展，农业、气象、测绘、环境、资源、灾害预防、公共安全等领域对高分辨率卫星对地探测系统的需求越来越迫切。在全球高分辨率卫星对地观测系统的舞台上，美国一直独领风骚。2010 年 5 月，我国"高分辨率对地观测系统重大专项"进入了全面实施阶段，预计 2020 年形成全天候的对地观测能力，可为国土调查与

图 3—3　各国代表交流沟通

利用、地理测绘、海洋气象观测、疫情评估与公共卫生应急等重点领域应用需求提供服务和支撑。然而，在9~10GHz频段内仅有600MHz带宽的可用频谱资源，无法满足高分辨率卫星用频需求。因此，在9~10GHz频段内为卫星地球探测业务寻找可用频率成为WRC-15大会讨论的焦点难点议题之一。相关国家在如何确定新的可用频率以及发射功率限值等问题上提交了6个不同的方案。各方开始都坚持己见，分歧很大，谈判过程举步维艰。我国专家会前对议题涉及的技术和规则问题进行了深入系统研究，对扩展频段范围及功率限值等问题做到心中有数、心中有底。会议期间，积极与德国、法国、美国、日本、俄罗斯、伊朗等国代表交流沟通，协调立场观点，解决症结问题，逐步将6个方案缩减为5个、4个、3个、2个，直到大会结束的前一天各方才就新增频率的方案达成一致。从最终的结果看，增加后的频谱资源，可支撑我国探测成像的分辨率优于1米，对发展我国高分辨率对地观测系统具有非常重要的战略价值。

2007年以来，我国开始实施探月工程，先后成功发射了嫦娥一号、二号、三号月球探测器和嫦娥五号试验器，深空探测能力显著提升。此次大会另一焦点就是，讨论在7~8GHz频段内新增卫星地球探测业务（地对空）。这个频段覆盖了我国月球探测测控通信上行的主用频段。为确保不对我国探月工程带来不利影响，我国代表明确提出，新增卫星地球探测业务仅用于对卫星的遥控操作，且不能对空间研究业务（我国探月工程）构成干扰。通过我国代表坚持不懈的努力，大会最终决定，在7190~7250MHz频段增加卫星地球探测业务（地对空方向），同时规定了限制条件，确保该频段内的空间研究业务不受影响。这一附加条件明确了现有空间研究业务的优先地位，对我国未来顺利实施探月工程具有深远的战略价值。

在为期一个月的时间里，我国代表天天奔波在一场又一场会议中。有时早晨7点与相关国家代表就开始了非正式讨论，有时凌晨时分还鏖战在会场。"5+2""白＋黑"已经成为他们常态化的工作模式。在这场没有硝烟的战争中，我国代表正是怀着国家利益至上的坚定信念，靠着扎实过硬的专业技能和坚忍不拔的意志品质，有效维护和拓展了我国用频权益。

【世界无线电通信大会】英文简称 WRC，是国际电信联盟在无线电管理领域最高层级的立法缔约会议，通常每三至四年举行一次，负责审议修订《无线电规则》，重新分配全球频谱和卫星频率轨道资源。WRC 主要基于大会准备报告、各区域电信组织共同提案及各国提案等文件，讨论确定大会各项议题的最终解决方案，包括提出频谱划分使用的技术和规则修改方案，据此修订《无线电规则》。每一次对《无线电规则》的修订，都会对世界各国的经济、军事和社会发展产生重大而深远的影响。

【国际电联频谱区域划分】1932 年，在决定成立国际电信联盟的马德里会议上，为便于对频率进行划分，第一次将世界分成两个区域，一个是欧洲区域，另一个是其他区域。1947 年，国际电联又将世界分为三个区域进行频率划分。第一区包括欧洲地区、非洲地区、苏联及其以北地区、蒙古以及土耳其、沙特阿拉伯、伊拉克等大部分西亚国家。第二区包括北美地区和南美地区。第三区包括中国、日本、新加坡、印度、印度尼西亚等大部分东亚、中亚国家、伊朗以及大洋洲和太平洋岛屿地区。国际电联第 66 号决议指出，把世界分为三个区域的分区方式，并没有明确的技术依据，也许不能公正地满足各个国家的需要；应当根据无线电技术的重大发展，以及处在不同发展阶段的国际电联成员国的增加，复审这种分区法。

3.2 "纸卫星"的由来

"纸卫星"是啥东西?莫非是用纸做的卫星?"纸卫星"从何而来,其存在的价值是什么,我们又该如何利用"纸卫星"的存在为我国卫星系统建设服务呢?要搞明白这几个问题,首先要从卫星频率轨道资源对卫星系统的重要性说起。

卫星频率轨道资源,是卫星系统在运行过程中使用的频率资源和绕地球飞行使用的轨道资源,是各国开展卫星通信、卫星广播电视、卫星气象、卫星导航定位、遥感遥测、探月和载人航天等空间应用不可或缺的基础资源。对于一颗卫星而言,频率轨道资源的选取至关重要,它将直接影响到卫星系统实现的复杂程度、功能性能以及最终的可用性。

近年来,空间无线电业务发展迅速,卫星频率轨道资源的供需矛盾日益突出。国际电联为了公平、合理、有序地使用这一资源,在其颁布的《无线电规则》中明确规定:卫星频率轨道资源属于人类共同所有,世界各国涉及空间业务的无线电台应该遵循"先登先占"原则,以卫星网络资料为基本单位,按照"申报—协调—通知—登记"的程序,向国际电联申报卫星网络资料,完成与所有相关国家卫星网络的协调并登入国际频率登记总表(MIFR)后,才能发射卫星,投入使用。只有通过此合法途径发射的卫星,其频率轨道资源的使用才能得到国际承认和保护。

近年来,世界大多数国家为了争夺空间频率轨道资源的优先使用权,向国际电联申报了数量众多的卫星网络资料。以静止轨道卫星网络为例,根据国际电联发布的数据,截至 2016 年 8 月,在静止轨道 360 度弧段内,共有 66 个国家申报了 4868 份网络资料,涉及 715 个轨道位置,其中登入 MIFR 并投入使用的卫星网络资料共 1376 份。

　　然而根据国际权威网站统计的在轨卫星数量，截至 2016 年 7 月 1 日，全球在轨的静止轨道卫星共计 506 颗。可以看出，登入 MIFR 中的卫星网络数量远远大于实际在轨运行的卫星数量，也即 MIFR 中的大部分卫星网络资料都没有实际投入使用，只是以虚拟或部分虚拟的卫星来履行国际的"启用"程序，国际上将这类虚拟出来的卫星形象地称为"纸卫星"。

　　所谓"纸卫星"，是指仅存在于纸面上、未实际投入使用的卫星网络资料。严格地说，任何一份卫星网络资料从启动申报到投入使用，这段期间均处于"纸卫星"状态。事实上，MIFR 中已申报投入使用的卫星网络资料数量与实际在轨卫星数量的巨大差异，也意味着"纸卫星"的大量存在。"纸卫星"的大量涌现，在一定程度上打破了公平竞争的天秤，使得新的卫星网络的开发和投入运行更加困难。为了有效解决此问题，自 2009 年以来国际

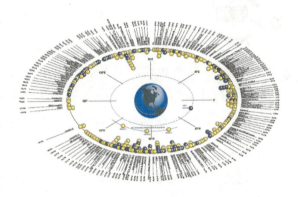

图 3—4　全球静止轨道在轨卫星分布图

电联相继采取了一系列举措，从法规机制、行政监管、技术手段等方面严控"纸卫星"的泛滥。

　　由于我国启动网络资料申报相对较晚，现有"纸卫星"的很大一部分来自西方发达国家，而且其地位普遍比较优先。举例来说，在我国网络资料申报比较密集的东经 50~180 度范围内，卫星网络资料申报数量中国 264 份，美国 139 份，而在西经 0~180 度范围内，中国仅申报了 41 份网络资料，且没有一份进入 MIFR，而美国共申报 311 份，其中 226 份进入 MIFR。这充分说明，在中国相对比较好用的弧段内，中国的网络资料仅有微弱优势，而在欧美国家上空的弧段内，却几乎没有中国的一席之

地。这势必严重阻碍我国空间业务全球战略的实施。

为了有效缓解我国主管部门在卫星网络资料申报上的劣势，我们可以在国际电联的规则框架下，充分利用我国现有的卫星监测手段，结合国际电联等各种公开信息渠道对其他国家的"纸卫星"情况进行摸底，必要时可以针对相关"纸卫星"向国际电联无线通信局举证，并视情况及时提醒卫星操作者申报新的网络资料，为我国航天事业的发展储备空间频率轨道资源。

> **链接**
>
> 【卫星网络资料】卫星网络资料是包括卫星系统所有频率和轨道特性的数据库文件，同时包括反映卫星系统覆盖区 / 服务区以及卫星天线增益和发射功率在覆盖区和服务区内分布特性的图形格式的数据库文件，卫星网络资料需要向国际电联申报，履行规定的协调程序，完成协调并登入 MIFR 后，卫星才能发射，相应的卫星网络才能投入使用。
>
> 【卫星操作者】卫星系统建设、使用和操作管理部门中具体承担卫星频率和轨道资源申报、协调、维护等工作的单位或部门。

3.3　竞逐移动通信标准的国际赛场

2015 年 3 月 2 日，北京，国际电联无线电通信部门（ITU-R）5D 工作组第 23 次会议正在这里举行，一封向各国征集第五代公众移动通信系统（5G 系统）标准的通函起草完成，并由国际电联向其 193 个成员国正式发出。该通函的发布，不仅标志着国际电联 5G 标准征集工作正式启动，也预示着我国将在 5G 标准制定过程中扮演重要角色。

众所周知，技术标准是一个产业最核心的竞争力，也是一个国家或企业创新能力的重要标志。谁掌握了标准，谁就拥有引领产业发展的话语权，谁就会在激烈的国际竞争中处于有利地位。市场空间巨大，国际竞争激烈的移动通信产业更是如此。

移动通信系统发展至今已经历了四代标准体制，我国也经历了 1G 空白、2G 跟随、3G 突破、4G 同步的艰难发展历程。1986 年，采用模拟体制的第一代移动通信系统在美国芝加哥诞生。当时我国的移动通信产业几乎还是一片空白，国内市场完全被爱立信和摩托罗拉两大巨头占领。20 世纪 80 年代末至 90 年代，以 GSM 通信标准为主宰的 2G 时代，中国在技术上几无积累，只有少数科研机构进行零星的跟踪、研究和模仿。中国企业只能生产技术含量较低的外围设备，核心设备全部依赖进口。

1997 年，国际电信联盟向各国发出了 3G 技术标准的征集函。中国在内无经验、外无同盟的背景下顶住压力，历时三年提出了我国自主知识产权的 TD-SCDMA 标准。2000 年 5 月，TD-SCDMA 被国际电联（ITU）正式确立为 3G 三大国际标准之一，TD-SCDMA 成为百年通信史上第一个中国企业拥有核心知识产权的无线移动通信国际标准，是中国通信行业自主创新的重要里程碑。

为了我国自有知识产权技术 TD-SCDMA 的发展，原信息产业部早在 2002 年就将 2300~2400MHz 规划为 TD-SCDMA 的候选频段，但这一频段在 ITU 一直没有成为全球的 IMT 频段。2007 年召开的 WRC-07 大会为将这一频段推向国际化提供了重要契机。如果能在这届大会上将 2300~2400 MHz 频段推成全球频段，将为我国 TD-SCDMA 走出国门，取得更大的发展奠定坚实的基础。

为此，我国在本次 WRC 大会开始前很早就启动了国内研究，前后持续两年多时间，参与单位数十个，技术专家上百人，对相关研究组的工作进行了全面参与。正是在国内大量研究工作及国际会议持续参与的基础上，我国才得以向国际电联提交近 30 篇文稿，保证了有利于我国的研究分析结论纳入 ITU-R 的各类研究报告中，有力支撑了我国观点立场在 WRC 大会上的最终实现。

通过 TD-SCDMA 的研发和应用，我国逐步建立起了以中国企业为主体的移动通信 TDD 技术产业链，同时也为我国在全球移动通信领域掌握国际话语权创造了历史机遇。

2010 年 10 月，中国在 TD-SCDMA 基础上提出的演进方案 TD-LTE-Advanced 被确认为 4G 国际标准，标志着我国从电信大国向电信强国迈出了坚实的一步。截至 2016 年 3 月的统计数据显示，已有 43 个国家和地区部署了 76 张 TD-LTE 商用网络，用户数超过 4.7 亿，由中国主导的 TD-LTE 真正实现了在全球范围内的规模商用。

历经近三十年的不懈努力，我国已从一个国际移动通信标准制定领域的门外汉，成长为在国际通信标准组织中发挥积极作用的弄潮儿。在此过程中，我国信息通信业创新实力不断增强，从系统设备、芯片、终端到仪表，整条产业链逐步完善成熟，更重要的是中国运营商和中国厂商在全球业界所扮演的角色已变得至关重要。

当前，争夺 5G 标准主导权的冲锋号已经吹响，新一轮标准竞争的大幕已缓缓拉开。根据国际电联确定的时间表，各国提交候选标准提案的截止时间为 2019 年 7 月，2020 年 2 月完成候选标准评估，2020 年 10 月最终完成 5G 标准制定。目前，包括大唐电信、中国移动、华为、中兴在内的我国企业已经摩拳擦掌，以前所未有的热情投入到这场竞争中。5G 时代，中国能否在国际竞争中跑在前列，让我们拭目以待。

链接

【5G 移动通信系统】5G，即第五代移动通信技术。与 4G、3G、2G 不同，5G 并不是一个单一的无线接入技术，而是多种新型无线接入技术和现有无线接入技术演进集成后

的解决方案总称。5G 是面向 2020 年移动通信发展的新一代移动通信系统，具有超高的频谱利用率和超低的功耗，在传输速率、资源利用、无线覆盖性能和用户体验等方面将比 4G 有显著提升。

3.4 东方升起导航新星

2008 年 5 月 12 日，我国汶川发生特大地震，受灾地区通信网络遭受严重破坏，通信全部受阻，信息出不来、进不去。在这种"信息孤岛"已然形成的严峻形势下，相关部门为救灾部队紧急调配 1 千多台"北斗一号"终端机，建立了应急指挥网络，及时准确地将地震灾区的各种情况回传至救灾指挥部。救灾指挥部通过"北斗一号"系统，精确判定各路救灾部队的位置，及时下达新的救援任务，最大限度地保证了"72 小时黄金抢救时间"的有效利用。在这次行动中，我国自主研制的"北斗一号"系统成为救援指挥部队和前线救援人员得力的通信助手，彰显了北斗系统的技术优势，也让北斗逐渐进入大众的视野。

中国北斗 COMPASS 是全球导航卫星系统（GNSS）高端俱乐部仅有的四个会员之一，与美国 GPS、欧洲伽利略（GALILEO）、俄罗斯格洛纳斯（GLONASS）相比，北斗是个新会员，同时也是发展势头最猛的会员，但北斗系统的发展历程却是一波多折。从 20 世纪 70 年代，"七五"规划中提出了"新四星"计划，随后提出过单星、双星、三星、三到五颗星的区域性系统方案，以及多星的全球系统设想。研究、论证、再研究、再论证……从来就没有停止过，但却因种种原因，系统建设迟迟未能推进。直到 1991 年，海湾战争把中国人打醒了，美国 GPS 在作战中的成功应用，使得中国深刻意识到，以后打仗没有自己的导航系统真的不行。

于是，一度被搁置的导航定位系统建设又重新启动。北斗系统建设之初，我国并没有选择类似 GPS 那样的 30 颗中轨道卫星系统的方案，而是选择了采用两颗静止轨道卫星进行双星定位的方案。由于占据了通信卫星的轨道，北斗一代（即上述"北斗一号"）系统具有既能定位又能通信的技术特点，这是 GPS 等其他定位导航系统都不具备的。因此，北斗一代系统在 2008 年的汶川地震救援中发挥了重大作用。但因为北斗一代卫星的轨道很高，导致了系统定位精度偏低，同时大部分的频率资源都需要用来传送定位数据，留给通信的可用资源很少，只能完成短信功能，而无法实现实时的语音通信。基于以上这些原因，北斗二代系统应运而生。

北斗二代卫星导航系统（又称"北斗二号"）由 35 颗在轨卫星组成，计划 2020 年形成全球性的定位导航能力。其中，5 颗卫星位于赤道上空的静止高轨道卫星，主要用于完成短信任务。其他 30 颗跟美国 GPS 的 30 颗一样，都是中轨道的非静止卫星。

北斗二代系统的规模与 GPS 相当，申请的轨道和频率与欧洲伽利略基本一致，这就不可避免地遇到了卫星轨道和频率争夺的问题。卫星轨道和空间频率是人类共有的资源，该如何分配呢？在国际规则中，卫星频率资源分配形式是"先登先占"。美国、俄罗斯等航天强国从 20 世纪五六十年代就已向国际电联申报并依照国际程序获取了大量的频率轨道资源，以支

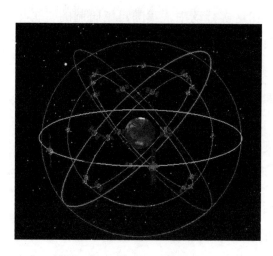

图3—5　北斗卫星导航系统 ①

① 图片来源：北斗官方网站（www.beidou.gov.cn）。

撑其数量庞大的卫星系统。据了解，美国 GPS 系统和俄罗斯的格洛纳斯（GLONASS）卫星导航系统已占用了 80% 的"黄金导航频段"，迫使其他国家只能抢占为数不多的剩余频段。因此，我国的北斗和欧洲的伽利略系统都只有次优的频率可以选择。

为满足北斗系统工程建设对频率、轨位的使用需求，北斗系统的卫星网络资料申报工作于 1994 年启动，目前共 18 个卫星网络处于有效状态，2010 年前申报的 14 个卫星网络已正式或临时登入频率总表。2005 年 12 月 28 日，"伽利略"计划首颗试验卫星顺利发射升空，但并没有开通服务，只占了轨道而没有启用频率。随后不久，中国北斗二代的第一颗星也上天了，并且开通了服务，依照"先登先占"的原则，我国北斗卫星先于伽利略系统使用了卫星导航业务的频率。于是，中国和欧洲航天部门就导航卫星的频率"重叠"问题展开了一轮又一轮的谈判。欧方以频率是从美国人手里花"血本"获得，伽利略系统早已按此频率进行

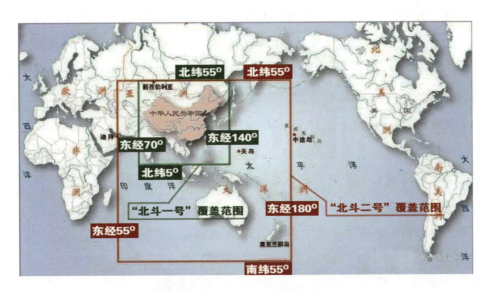

图3—6 北斗卫星导航系统覆盖范围 ①

---

① 图片来源：北斗官方网站（www.beidou.gov.cn）。

技术设计现已无法修改为由，力压中国北斗二代系统，中方则依据国际上通行的"先登先占"的原则，对自己的权益寸步不让。

2017 年 3 月 30 日，北斗卫星导航系统第 22 颗卫星成功发射。虽然目前北斗的 35 颗卫星还未全部发射上天，但亚太地区的北斗二代定位导航网络已经建起来了，并已投入使用。GPS 和北斗的中轨道运动卫星都是 30 颗，它们各自在太空上织就了一张网，GPS 网眼最密处是在美国上空，北斗二代网眼最密处是在中国上空，为本土提供服务是第一要务。因此，对于亚太国家来说，北斗比 GPS 更有优势。北斗二代的发展前景非常乐观，走向世界指日可待。

链接

【黄金导航频段】国际电联为卫星无线电导航业务划分了特定频段，2000 年前，卫星导航业务带宽共计 96MHz（1215~1260MHz、1559~1610MHz），业界通常将该频段称为"黄金导航频段"。美国、俄罗斯利用各自的技术领先优势，从 20 世纪七八十年代就开始向国际电联申报卫星导航频率资源，瓜分了约 86MHz 导航频谱资源，仅剩不到 10MHz 带宽资源供其他导航系统使用。2000 年后，国际电联扩增了 91MHz 带宽的卫星导航资源（1164~1215MHz、1260~1300MHz），为我国发展自主可控的北斗导航系统创造了条件。但与此同时，欧盟、美国、俄罗斯等国均对新增频段提出了使用需求，导致各国卫星导航系统拟用频率仍然存在大量重叠，只有通过协调，有效控制各个系统的发射功率，才能保证各系统之间不会相互干扰。

3.5　打造中国的"太空工厂"

在地球资源日渐枯竭的未来，对太空资源的开发和利用显得尤为重要。面对这个资源丰富的巨大宝库，载人航天充当了通向这个宝库的桥梁。早在1992年，中国就确立了以建立空间站为目标的航天计划。经过20多年的不懈努力，先后实现了天地往返、载人首飞、太空行走、交会对接、载人短期管理等阶段性目标，于2016年9月成功发射天宫二号空间实验室，10月实现了神舟十一号载人飞船与天宫二号的自动交会对接。2017年4月20日，被中国老百姓亲切地称为"快递小哥"的天舟一号货运飞船发射升空，2天后与天宫二号完成自动交会对接，是我国空间实验室任务的收官之作。至此，正式标志着我国载人航天工程进入应用发展新阶段。

回想当年，国际空间站项目提出之时，美国人毫不犹豫地将中国拒之门外，可是中国的发展没有因别人的封锁而停止，反而越挫越勇，以惊人的毅力和顽强打造自己的"太空工厂"。不知若干年后，当美国宇航员踏入中国的空间站时，会有什么样的感受？

位于390多公里轨道高度的天宫二号是我国第一个真正意义上的空间实验室，可用于开展微重力基础物理、微重力流体物理、空间材料科学、空间生命科学、空间天文探测、空间环境监测等8个世界前沿领域的14个实验项目。作为中国最忙碌的空间实验室，不仅要统筹协调好各试验项目的有序开展，还要集约利用星上资源对所有项目进行统一的测控、数据采集管理和传输，更要提前布局争取国际频率和轨道使用权，为中国"太空工厂"的运转营造良好的用频环境。

频率工作大多处于幕后，伴随着载人航天工程从起步走向未来。20

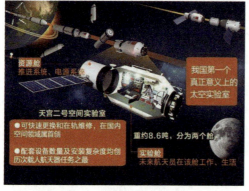

图3—7 天宫二号空间实验室

世纪90年代，载人航天频率论证工作正式启动，21世纪初国际频率申报与协调工作随后跟上。鉴于载人航天工程的特殊性，用频要求比传统航天器更严，技术限值都是以"有人值守""无人值守"予以区分，受扰时间概率更是相差2个数量级，以此确保航天员的生命安全。因此，载人航天的频率工作者历来都是在国际频率协调中寸步不让，以严苛的频率参数限值要求限制他国航天器的操作条件，并通过参与国际电联议题研究从条款、建议书等规则层面立法保护我国载人航天器的飞行安全。看似平常的技术协调工作，其实堪比一场规则牵引下的综合外交。

随着我国载人航天工程的顺利推进，可以预见，中国空间站将承担世界上越来越多的国家和组织的空间试验。届时，携带的系统载荷将显著增多，生成的各类数据也明显加剧，地空间的信息传输也会日趋频繁，这些都会对频谱资源的需求提出更高的要求。因此，在实现航天强国梦的伟大进程中，作为频谱资源的管理者还要不断面临新的要求和挑战。

【中国载人航天工程】1992 年 9 月 21 日，中国决定实施载人航天工程，并确定了三步走的发展战略。第一步，发射载人飞船，建成初步配套的试验性载人飞船工程并开展空间应用实验；第二步，突破航天员出舱活动技术、空间飞行器的交会对接技术，发射空间实验室，解决有一定规模的短期有人照料的空间应用问题；第三步，建造空间站，解决有较大规模的长期有人照料的空间应用问题。

【中国载人空间站】简称中国空间站，是一个在轨组装成的具有中国特色的空间实验室系统，预计在 2020 年前后建成。空

图 3—8 2020 年中国空间站示意图①

间站轨道高度为 400~450 公里，倾角 42~43 度，设计寿命为 10 年。

【天宫二号】即天宫二号空间实验室，是继天宫一号后中国自主研发的第二个空间实验室，也是中国第一个真正意义上的空间实验室，将用于进一步验证空间交会对接技术及进行一系列空间试验。

【天舟一号】即天舟一号货运飞船，也是中国首艘货运飞船。天舟一号具有与天宫二号空间实验室交会对接、实施推进剂在轨补加、开展空间科学实验和技术实验等功能。

① 图片来源：http://www.hkcd.com/content/2017-04/29/content_1046003.html。

3.6 探访"广寒宫"

"天"也叫太空，是人类20世纪50年代才开辟的一个新的活动领域。"天"为人类所共有，但是只有那些拥有让航天器进入太空、并发挥持久作用的国家才能在太空占有一席之地，进而获得在陆、海、空三个疆域无法获得的巨大利益。可以说，航天是人类伟大的壮举，对一个国家政治、军事、经济和科技领域均具有重要的战略意义。

20世纪50年代以来，西方发达国家竞相发展航天事业。1971年，基辛格为恢复中美外交关系秘密访华，在一次正式谈判尚未开始之前，基辛格突然向周恩来总理提出一个要求，希望用美国宇宙飞船从月球上带回的泥土交换我国马王堆一号汉墓里女尸周围的木炭，周总理用机智而幽默的语言回答道，早在5000多年前，我们就有一位嫦娥飞上了月亮，住在了广寒宫，妇孺皆知，而且今后还要派人去看她。周总理以睿智既回绝了对方要求，也展示了我们的自信。40多年后，经过航天人员的不懈努力，我们不负众望，实现飞天梦的道路越走越宽阔。今天，在广袤的太空，我们的航天器在一刻不停地工作。在遥远的地球，科技人员牢牢掌控着它们的每一个动作。我们不禁要问，人类是如何精密控制着这些航天器进行太空探索之旅的呢？就让我们来看看嫦娥三号的飞天之旅。

2013年12月2日，嫦娥三号作为中国第一个在月球着陆的无人登月探测器发射升空，经过十几天的漫长历程，于当月14日成功着陆于月球表面。15日，"玉兔"号月球车开始了它长达数月的"观天、看地、测月"的探测任务。月球距离我们有38万公里，科学家是如何做到嫦娥飞天、玉兔落月、巡视勘察的呢？

在探月工程当中，这根"线"就是电磁频谱承载的航天测控与通信信号。在整个探月工程中，航天测控与通信系统编织了一个往来天地之间、月面之间的无形大网，不仅确保嫦娥三号在飞天、落月、巡视等各个阶段的动作准确无误，更能将探测器的状态信息、探测数据告诉地面，并接收来自地面的指令，甚至在出现故障的时候接受地面的"诊断"。

嫦娥升空后的第一件事便是飞天接力。自嫦娥三号从地面升空后，要经过多次变轨才能最终进入月球表面，这期间测控系统通过无线电信号一直跟随着它，不仅监控它的一举一动，更要用指令引导它进入地月转移轨道。由于飞行距离非常远，当嫦娥三号飞离我国陆地航天测控站一定距离后，那根控制它的"线"就不够长了，这时就需要依次把"线"交到海上航天测控站接力完成测控任务。当飞行轨迹进一步超出中国自己的测控区域时，还需要协调其他国家的测控站进行支持，尽一切可能保证嫦娥三号的安全运行。为了实现全天 24 小时覆盖、无盲区的自主监管，我国还将考虑在国外建立新的深空测控站，实现未来深空探测的全天候测控跟踪。

由于嫦娥三号在飞行全程都要使用无线电信号完成自身的跟踪、遥测、测控和通信，并且在登陆月球后还要靠无线电信号和地面进行沟通联系，因此承载这些无线电信号的电磁波不但会覆盖我们国内的测控站，还会覆盖到国外的相关测控站，不但会影响地面上的一些区域，还会影响太空中的一些区域。那么，在这个过程当中，这些无线电信号使用的频率资源会不会和地面上的其他无线电设备用频存在冲突，会不会和太空中存在的其他航天器用频存在冲突，从而导致相互干扰，这都是需要提前考虑好的。因此，在嫦娥发射前就需要将各种信号使用的频率、带宽、功率等具体参数以及信号体制、天线参数、运行轨迹、途经国家、途经时间段、可用测控站点等进行精确的分析计算与模拟，特别是为了取得合法的频率和轨道使用权，往往提前几年就开展国内、国际相关协调工作。这既是确保嫦娥三号安全用频的关键，同时也是避免对其他航

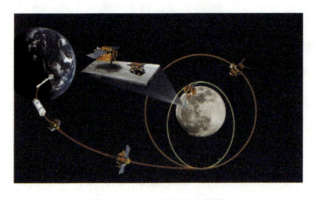

图3—9 探月工程示意图

天器产生影响的关键。自21世纪初我国探月工程正式启动频率和轨道资源的国际申报、登记与协调程序以来，每年都开展数十次的卫星网络国际协调。正是幕后这些大量的国际协调工作为我们的探月工程提供了安全的用频保障，嫦娥三号才能顺利地一飞冲天。

嫦娥落月后便开始巡视勘察。千万别以为"嫦娥"飞天落月后就与地面断了联系，嫦娥三号着陆月面后，地面科技人员通过测控系统向其发送指令，"玉兔"探测器从嫦娥三号实施分离，背负着科学家提前给它安装的各种探测仪器，开始了它的月面巡视勘察任务，即便是独立工作，科学家也在"嫦娥"和"玉兔"之间建立了通信链路，这样能够确保双方互相确认工作状态，同时也创造了中国第一个月面无线通信案例。为了保证地球上的科技人员能随时与38万公里外的"玉兔"通信，科学家还给"玉兔"装了一个地月对话通信天线。不仅接收来自地面的遥控指令，帮助它在危机四伏的月面上畅行无阻，实现对科学探测仪器的运行管理，并将探测到的数据自动回传至地球，帮助人类直接准确地了解38万公里外的月亮。尤其是在地面科学家的精确遥控下，"玉兔"舒展"玉兔之手"——机械臂，对脚下月壤首次成功实施月面科学探测，其精度之高，操作控制难度之大，就如同控制38万公里之外的"手"穿针引线。就像在天空放风筝一样，线多了就容易缠绕在一起，为了避免相互纠缠，每个风筝不仅要有牵引自己的那根线，更要采取措施避免过多的风筝在一起"打架"。"玉兔"身上背负了不同的无线电设备，为了避免使用过程中无线电频率"打架"的问题，这些设备在设计的时候就论证好了频率使用的方案，采取不同频段和天线的设计，使用不同的无线电频段和频率。这样，在执行巡视勘察任务过程中，成功实现了月面通信、地月通信、月面探测的互不影响，避免了风筝"线"缠绕在一起的问题。

电磁波为嫦娥探月插上了飞翔的翅膀，无线电管理为嫦娥探月系上了一根安全绳。如今，"敢上九天揽月"早已不是停留在口头上的豪言壮语，我们已经迈出了切切实实的步伐。不远的将来，周总理的夙愿一定会实现。

链接　【中国探月工程】以无人探测为主，分三个实施阶段：绕、落、回。绕为一期，研制和发射我国首颗月球探测卫星，实施绕月探测；落为二期，进行首次月球软着陆和自动巡视勘测；回为三期，进行首次月球样品自动取样返回探测。嫦娥三号探测器是我国嫦娥工程二期中的一个探测器，由着陆器和巡视器组成，巡视器又称"玉兔"号月球车。

【月球车】学名"月面巡视探测器"，是一种能够在月球表面行驶并完成月球探测、考察、收集和分析样品等复杂任务的专用车辆，携带了全景相机、红外成像光谱仪、测月雷达、粒子激发 X 射线谱仪四类探测仪器。

【深空探测】是对太阳系各大行星及其环境进行的探测。

【航天测控】是对航天器及其有效载荷进行跟踪测量、监视与控制的技术系统。

【卫星网络国际协调】各国根据自身需要，依据国际规则，主要是《无线电规则》，向国际电联申报所需的卫星频率和轨道资源；然后，按照申报的时间顺序确立相应的优先地位次序，相关国家之间遵照国际规则开展国际频率协调谈判，后申报者应采取措施，不对先申报者的卫星网络产生有害干扰。卫星网络资料的申报是建立空间电台前必须履行的国际手续和义务。

3.7 守卫无形的"电磁边疆"

"Mr. Zhang，the field strength trigger value of your station must be limited to at the distance of 30km into the territory of the Russian Federation……"，"NO，NO，NO，Mr.Vladimir，We can't accept your condition. According to the RADIO REGULATIONS，You should……"

众位读者可能不太清楚上面这段英文对话是在何种场景下发生的，容我详解。其实，这样的对话每年在中俄边境协调会议上会发生多次，俄方代表会说："张先生，你方台站的场强门限值在进入我国国土30公里处必须衰减至……"，此时，我国代表会有理有据有节地反驳道："不不不，弗拉吉米尔先生，我方不能接受你们的条件。根据《无线电规则》，你方应该……"

有些读者可能会觉得奇怪，这样的对白不是往往应该出现在国土争端这样的会谈中吗？殊不知，这样的对话正是在捍卫我们祖国的电磁边疆，这样的场景对于频谱管理者来说是多么的习以为常。我们的祖国边境线漫长无比，接壤的国家也较多，国家多了必然带来争端多，除了大众眼睛看得见的领土争端，频谱管理者的眼中还有着另外一种争端和维权，那就是为国家争夺边境地区的用频权益。我们都知道，相对于内陆而言，边境地区具有捍卫国家主权责任重、情况敏感不确定因素多等特点，随着经济全球化进程的不断提速，边境地区的各种无线电业务不断增加，无线电频率冲突与干扰问题越发凸显，不仅无形之中加剧了各个国家对边境地区频谱资源的争夺态势，更是对边境地区无线电频谱资源的分配和监管提出了前所未有的挑战。

作为国际电信联盟（ITU）成员国，我国无线电主管部门经常代表国家参加 ITU 的世界无线电通信大会（WRC）及各类协调会议，在法理层面维护我国用频权益。近年来，我国无线电管理部门依据《无线电规则》，不断加大与周边国家的频率协调力度。目前，与我国陆路相邻的 14 个国家中，已经开展了中俄、中越、中朝、中哈边境频率协调双边会谈，并与蒙古国无线电主管部门建立了边境频率协调关系，用以解决边境地区无线电干扰和电波越界覆盖等问题。

通常情况下，需要开展的边境频率协调主要包括以下几类：一是双方对频谱资源共同开发利用而开展的协调；二是由于双方在频率规划和使用上的不同，造成双方在频率使用上产生冲突而需要开展的协调；三是设置

图 3—10　边境协调会议

使用的无线电台站用频在国际上得到承认和保护而开展的保护性协调；四是因非法设台或违规使用无线电频率造成对邻国台站的干扰而需要开展的协调。成功、高效的边境频率协调，不仅能充分发挥无线电频谱资源的经济和社会效益，为边境地区的经济繁荣和社会发展服务，还能捍卫国家的电磁疆土不被侵占，为国家争取更多的战略资源。

守卫和巩固我国的"电磁边疆"，既是维护我国用频权益、国防安全和国家战略利益的重要举措，也是促进边境地区经济建设和国防建设协调发展的客观需要。我们必须充分认清边境地区电磁频谱管理的重大意义，站在维护国家利益的高度，扎实推进边境地区电磁频谱管理工作深入发展，守卫好这条无形的"电磁边疆"。

链接 【边境频率协调】是指我国与外国在边境（界）地区进行的频率使用方面的磋商、协调和竞争活动。边境频率协调的方式主要有信函和会谈两种。

信函方式即通过电子邮件、传真和函件等方式将需要协调的台站、频率资料及协调要求通知对方。接到协调请求的无线电管理机构，应根据国际、国家或军队的有关技术标准或双方商定的原则，组织计算和技术分析，并将计算分析结果和解决问题的建议通知对方。双方取得一致意见后，签署、交换文本归档。

会谈方式是召开双边协调会议，也可以是多边的协调会议，通过面对

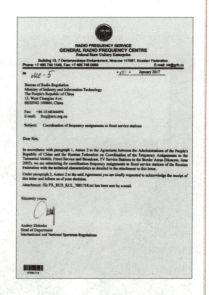

图3—11 协调信函样例

面的会谈，交换资料和意见，尽可能就协调的原则、协调所采用的技术标准和参数、协调计算方法等达成共识。在此基础上，就协调的台站、频率提出具体意见和建议。会谈双方或多方可签署会谈纪要或备忘录，也可就达成的一致意见签署协议，以便共同遵守。进行频率协调时，应尽可能采取技术措施，达到兼容和合理利用。

3.8 发人深省的"萨德"事件

2017 年 3 月 7 日上午，韩国国防部发布消息称，萨德系统部分装备已于前一日，通过军用运输机运抵乌山空军基地。4 月底，美韩双方不顾韩国民众和国际社会的普遍反对，执意在韩国庆尚北道星州郡乐天高尔夫球场开始部署萨德系统。这一举动为本已紧张的半岛局势增加了新的不稳定因素，进一步破坏了东北亚地区的安全形势。

明眼人都知道，美韩部署萨德是"项庄舞剑，意在沛公"，名义上是应对朝鲜的核武器和弹道导弹威胁，实际上却是针对中俄，特别是损害了中国的战略安全。那么萨德系统的威胁到底有多大呢？这得从萨德系统的研发过程说起。

萨德系统（英文缩写 THAAD：Terminal High Altitude Area Defense），是一款可机动部署的末段高层导弹防御系统，由拦截弹、雷达系统、指挥控制系统和车载发射装置等组成，可在大气层内、外对中近程（射程600~3500 千米）弹道导弹实施拦截。该系统前身是"战区高层区域防御系统"，1992 年由洛克希德·马丁公司牵头负责研制。2004 年美军对该系统进行了重新设计，并更名为"末段高层区域防御系统"，在完成大气层内外拦截试验后，2008 年开始装备美军。

　　萨德系统使用的 AN/TPY-2 预警雷达是目前世界上性能最强的陆基机动弹道导弹预警雷达，具备优异的探测能力。美国军方宣称 AN/TPY-2 雷达探测距离为 500 千米，但实际上据估算，对处于上升段的弹道导弹等雷达散射面积较大的目标，其探测距离可达 2000 公里，堪称是萨德系统的"千里眼"。

　　现在大家也许就明白了，萨德系统对我国战略安全最大的威胁来自于其使用的 AN/TPY-2 雷达。为什么该雷达具有这样强大的探测能力呢？这要从相控阵雷达的原理说起。一般来说，普通雷达的波束扫描是依靠雷达天线的机械转动实现的，所以被称为机械扫描雷达。而相控阵雷达用电的方式控制雷达波束的指向进行扫描，这种扫描方式被称为电扫描。

图 3—12　AN/TPY-2 雷达探测范围示意图

具体来说，相控阵雷达的天线是由大量的发射／接收单元组成的阵列，发射／接收单元少则几百，多则数千，甚至上万。当雷达工作时，虽然天线阵列不转动，但是发射／接收单元都集中对准一个指定方向发射信号、接收回波，即使数千公里外的洲际导弹和卫星，也逃不过它的"眼睛"。这些发射／接收单元还可分工负责，产生多个波束，有的搜索、有的跟踪、有的引导。相控阵雷达有很多优点，在计算机控制下波束指向灵活，能实现快速扫描；一个雷达可形成多个独立波束，分别实现搜索、识别、跟踪制导等功能；目标容量大，可在空域内同时监视、跟踪数百个目标；抗干扰性能好，即使少量发射／接收单元失效仍能正常工作。

AN/TPY-2雷达就是相控阵雷达的一种，它采用单面阵天线，天线面积约为9.2平方米，发射／接收单元数为25334个。该雷达工作在 X 射线频段，中心工作频率约为9.5GHz，平均发射功率约为60~80千瓦，峰值发射功率高达305千瓦。这些特点赋予了其强大的探测能力。

图3—13　AN/TPY-2雷达

此外，该型雷达有两种运用模式：前沿预警模式，单独部署在接近敌方领土位置，在弹道导弹上升和中段探测、跟踪、识别导弹，为地基中段防御系统、海基"宙斯盾"系统以及"爱国者"系统等提供早期预警信息；末端部署模式，与发射装置、拦截弹、指控系统一起部署，探测跟踪飞行末段的弹头，为拦截弹实施火控制导。从此次萨德在韩国的部署位置看，和平时期，萨德雷达可以监视我方在东北、华北以及黄海上方的弹道导弹试射活动，积累导弹的雷达特征数据。战时，在我方弹道导弹上升段就可以探测跟踪，并能对真假弹头进行识别，为美国及盟友的反导系统增加预警时间。

中国政府多次表示，反导问题事关全球战略稳定和大国互信，应该慎重处理。各国既要考虑本国安全利益，也要尊重别国安全关切，一国的安全不应建立在损害别国安全利益的基础上。如果只顾追求自身绝对安全，单方面部署反导系统，将引发对抗甚至军备竞赛，破坏全球和地区战略平衡。美在韩部署萨德系统，特别是其配备的 AN/TPY-2 雷达，探测预警范围远远超出朝鲜半岛，深入亚洲大陆腹地，覆盖中国大片领土，已经远远超出了韩国应对外来核导威胁的范畴，已经严重侵害了我国的战略利益，影响了我国的战略安全，打破了东北亚地区战略平衡。而且，该型雷达使用的频率，会对我华北、东北地区的民航飞行安全和地面部分台站合法的用频权益构成潜在威胁。中国坚决反对部署萨德系统，并将坚决采取政治、外交、经济等措施维护自身安全利益。

链接

【反导系统】又称"弹道导弹防御系统"，用于探测拦截敌方弹道导弹，一般包括预警雷达、引导雷达、指控中心和拦截武器等部分。按被拦截导弹的飞行阶段，反导系统可分为上升段反导、中段反导和末段反导。国外较为成熟的反导系统有美国的爱国者系列、萨德系统以及海基的标准系列，俄罗斯的 S300、S400 系统，以色列的箭式防空导弹等。

第四章
信息化武器从这里走入战场

随着世界新军事变革的加速推进，世界各国军队更加重视体系作战能力的建设。以美国为代表的军事强国，在武器装备的立项论证、研制定型、日常训练以及升级改造等环节，通过试验场大量充分的分析和试验，解决武器系统的电磁兼容问题，提升体系作战效能。有人曾这样比喻，说实战是"流血的作战实验室"，而试验场是"不流血的战场"。相比实战而言，试验无须流血，却更为复杂。这是一场没有硝烟的战争，虽然见不到刀光剑影、血雨腥风，却使信息化武器装备淬火成钢，成为信息化战场上的利剑。

4.1　神秘的美军电子靶场

"一个薄雾笼罩的清晨，我奉命驾驶 AH-1 武装直升机，对一幢楼房内的武装分子实施'斩首行动'。在逼近目标后，我不慌不忙，按照早已非常熟悉的操作程序和战术要领，低空悬停、确认目标、锁定目标、击发导弹，只用十几秒就完成了作战任务。"这是驻伊拉克美军海军陆战队第一远征队的汉斯·施特鲁尔上校发表在《华盛顿邮报》上的一段文字，描述的是海湾战争前，他在美国空军内华达州的内利斯空军靶场进行实战化训练的一个场景。

这里提到的内利斯空军靶场是美军 24 个武器试验靶场之一。提及靶场，人们首先想到的是枪械等的射击场。其实，射击场只是靶场中的一类，除此之外，还有用于信息化条件下装备试验与训练的靶场，也称为电子靶场。美军的电子靶场通常建设在人迹罕至、情报活动难以覆盖的区域，外界鲜有报道，具有浓厚的神秘色彩。

电子靶场作为武器装备的试验场，通常建有配套齐全的软、硬件设施，具有满足不同装备作战使用的地形、地貌条件，具有满足试验指挥需要的指挥中心，还有通信、气象、营房等各种配套试验保障设施，可方便地营造出逼真的战场电磁环境，形成实战态势。这样利用电子靶场组织部队训练和演练，既充分利用了试验资源，节约了训练资源，又锻炼了部队。同时，也可以利用电子靶场，进行战法研究、指挥决策和协同训练，制定作战方案，评定方案效果，提高部队作战、指挥能力，催生新质战斗力。

2003 年 3 月，美英军队以伊拉克制造和拥有大规模杀伤性武器为由，悍然发动了伊拉克战争。20 天的时间里，美国就推翻了萨达姆政权，占领了伊拉克。事实上，早在 2002 年美国的"倒萨"步伐就已开始，美国将多个电子靶场资源集合到一起，进行了代号"千年挑战 2002"的联合军事演习。伊拉克战争进程与演习程序高度吻合，战争结局与演习结果跟"克隆"差不多。

为了全面准确地验证武器装备的战术性能，美军非常重视新型武器的靶场试验。以战斧式巡航导弹为例，在其正式服役前，在多个靶场进行试验，检验了导弹的推进系统、控制系统、巡航速度、最大飞行距离、打击精度、抗电磁干扰等重要指标。2017 年 4 月 7 日，美军对叙利亚政府空军基地目标发动攻击，共发射了 59 枚战斧巡航导弹，全部命中目标。

据统计，自 1991 年至今，战斧巡航导弹在海湾战争、伊拉克战争、科索沃战争、阿富汗战争、利比亚战争共发射 2000 多枚，几乎全部命中目标，对战争结局起到了至关重要的作用。

可以说，美军之所以成为世界上最强大、最先进的军事力量，一个很重要的原因就是美军非常注重利用电子靶场开展实战化训练和针对性试验，确保其在作战理念、运用模式、装备性能等方面形成绝对优势。形象地说，美军的电子靶场已经成为其作战理念的"孵化器"和武器装备作战效能的"试金石"。

链接

【电子靶场】是针对电子装备开展试验、鉴定与评估的场所，也是部队进行训练的场所。电子靶场按照其功能可分为：试验靶场、训练靶场和试验与训练综合性靶场。目前，电子靶场大都是功能齐全的综合性试验靶场。电子靶场一般由试验内场、试验外场等组成。其中，试验内场主要包含大型电波暗室、控制室等试验设施，半实物仿真、建模与仿真、环境试验、电磁环境效应等试验系统和测量设备，以开展研制试验为主。试验外场布置了主要作战对手的威胁器如雷达等，主要用于开展武器装备作战试验，同时也是部队进行战法研究、指挥决策和协同训练的场所。

【内利斯空军基地】内利斯空军基地是美国空军空中作战中心所在地，是美国飞机进行试验和训练的地方，也是洲际核弹道导弹基地。电影《变形金刚》也是在这里取景拍摄。

【白沙导弹靶场】白沙导弹靶场被称为是美国陆军导弹的摇篮，坐落于新墨西哥州，建于 1945 年 7 月，占地 8287 平方公里，是美国最大的军事设施。1946 年 7 月 16 日，世界上第一颗原子弹在这里爆炸。

【太平洋导弹靶场】太平洋导弹靶场是一个海上试验场，是美军进行导弹和反导试验的地方，可为从范登堡空军基地或从海上潜艇发射的洲际导弹提供中程测控保障。

【范登堡空军基地】范登堡空军基地位于美国加利福尼亚州南部海岸，是美军空天武器试验场和战略导弹基地，也是美国唯一的极地轨道卫星发射场。

【爱德华兹空军基地】爱德华兹空军基地是美国著名的空军飞行试验基地，以降落航天飞机而闻名，也是美国空军重要的飞行训练中心。

【中国湖海军试验基地】中国湖海军试验基地被称为美国海军空战中心，主要用于研制火箭、导弹和炸弹，还包括了第一颗原子弹和月球登陆车。

4.2　B-52 战略轰炸机长寿的秘诀

一提到 B-52 战略轰炸机，估计大部分人都不会感到陌生。每当世界上某个地区安全局势紧张的时候，总少不了它的"身影"。1951 年 11 月，第一架 B-52 原型机研制成功。因其航程远、载弹量大的特点，担负了美军核战略轰炸、常规战略轰炸、常规战役战术轰炸和支援海上作战等多项作战任务。自服役至今，B-52 无论是在平时的战略威慑，还是战时的空中作战，都以卓越的表现向世界展示着自身的价值。

经历了半个多世纪，B-52 依旧是美国空中核威慑力量的重要组成部分，是美国"三位一体"核战略打击力量的重要支柱之一。几年前，美国空军宣布了将 B-52 战略轰炸机持续服役到 2045 年的计划。这意味着

图 4—1　B-52 战略轰炸机

该机有可能在其诞生 90 多年之后仍继续服役。B-52 战略轰炸机为什么历经半个多世纪而不衰？这主要得益于美国不断对 B-52 进行改进，经常给它"输血换骨"，除了不断对飞机结构进行加强，雷达、导航等电子系统也持续升级改进。B-52 从最初的原型机到现在的 H 型机历经多次的改进和升级，全部型号共生产 774 架。不要小看型号的改换，它每改一次，都带来战斗性能的综合提升。

　　第一架原型机代号 XB-52，1951 年 11 月出厂，1952 年 10 月试飞。B-52B 是第一批生产型，能执行核轰炸和常规轰炸任务，也能进行照相侦察，在弹舱内可挂照相机和电子侦察短舱。B-52D 弹舱内可挂侦察短舱，大批 B-52D 型的服役使美空军有了对苏战略核轰炸能力。B-52E 改进了投弹、导航和电子设备，加装 AN/ASB-4 型轰炸雷达和导航系统。B-52G 是重大改进型号，加装了用于低空突防的光电探测系统，全面更新了进攻电子系统，把 20 世纪 50 年代的模拟式设备更新为全数字式的，电子组件有完善的抗辐射保护。B-52H 是 B-52 目前最新、最后一个型号，改用了新型的电子对抗系统，并加装 GPS 全球定位系统。

　　近年来，为了使 B-52 战斗力能够适应现代战争的要求，美国不断改进机载航电系统，特别是升级甚高频/超高频通信系统和高频无线电系统，使其逐步具备北约架构内标准的按需分配多址接入（DAMA）能力，即多模式能力。这使得 B-52 除了具备与海军舰船联系的能力之外，还具备与商业频段设备通信的能力，比如民用机场所使用的无线电导航设备。这对于以欧洲用户为主的北约国家来说非常重要，因为北约国家的许多空军基地是军民两用。美国及其盟国的 40 多种飞机、舰船和地面平台都装备了这种北约制式的无线电设备，可以直接使用盟军的机场，有效提高了战场环境的适应能力和联合作战能力。

有人开玩笑说，美国国防部有史以来主持时间最长的一项工程，就是为 B-52 战略轰炸机寻找后续机。到了 21 世纪，对于这项工程，或者说是一系列的工程而言，仍无法看到何时才是终结。

> **链接**
>
> 【DAMA】按需分配多址接入（Demand Assigned Multiple Access），该技术可根据多个通信站点之间信息传输速率需求的不同，而动态分配信道容量（即频率资源），以提高频率资源使用的合理性和有效性。

4.3 气球上的"千里眼"

二战时期，英国、苏联为了有效遏制德军的空袭，采用了一种叫作防空气球的装置，将若干个钢索相连的大气球并列升空，干扰甚至毁伤入侵的低空轰炸机。但二战结束后，随着高空轰炸机的出现，这种防空气球也随之销声匿迹。随着航空兵器的迅速发展，低空突防已经成为现代空战使用的主要空袭方式。英阿马岛战争、美军空袭利比亚行动以及科索沃战争等几场局部战争的经验表明，低空突防战术是取得战争主动权的有效手段。因此，世界军事强国开始重视发展低空预警探测系统。

由于地面杂波信号（地面反射的电磁波）较强，当雷达信号照射到低空、超低空飞行的目标时，反射的无线电信号很容易被淹没在地面的杂波信号中，导致雷达系统难以发现和识别目标。加之地球曲率的影响，即使是最先进的地面雷达，其针对低空目标的有效探测距离也十分有限。因此，低空探测技术一直是国际性技术难题，目前，国际上只有少数发达国家能够研制生产低空探测系统。

20 世纪 80 年代，一种类似防空气球样式的低空探测系统重新出现在人们眼前。这种低空探测系统通过系留缆绳，将内部放置有雷达系统的大气球滞留在空中，对一定区域内的无人机、巡航导弹等低、慢、小目标进行探测，解决预警体系中的低空探测难题。因此，气球载雷达系统是对付低空、超低空目标入侵的重要手段，可用作海面和海岸警戒、国土防空网中的低空补盲或用作战场监视等，是现代防空雷达网的有力补充。

气球载雷达要想充分发挥低空预警探测的优势，还需要设计好使用的工作频率，最大限度地降低无线电干扰的风险。这是因为，气球载雷达一般都工作在几千米的高空，能够"居高临下"地对低空目标进行捕获和跟踪。但是，在这种空旷开阔的工作环境下，也会使得其他系统的信号比较容易地被气球载雷达所接收。当这些信号的强度超过一定门限时，就会造成电磁干扰，使雷达无法正常

图4—2 气球载雷达

工作。反之，气球载雷达发射的无线电信号也同样容易对其他系统产生干扰。这一潜在问题无疑会对气球载雷达在最后阶段的部署使用带来严重影响，甚至造成无法弥补的损失。

针对这个问题，频谱管理部门需要从频谱资源规划上着手，借助于精细的频谱仿真技术和精准的试验评估方法，将不同系统间可能产生的频谱冲突逐一分析、逐一解决，并制定科学合理的频率使用方案，使气球载雷达与其他系统间的频谱冲突降到最小，甚至消除，从而为气球载雷达的使用铺平频谱通道。

链接

【系留气球】是一种自身不带动力，依靠浮力升空的浮空飞行器。它通过系留缆绳滞留在空中预定的位置，作为空中平台，可适合搭载各种通信、干扰、侦察、探测等电子设备，具有留空时间长、有效载重大、部署方便、费用低廉等优点。

【气球载雷达】以系留气球为搭载平台，以雷达为任务系统的一种综合信息系统，也广泛应用于预警探测、通信中继、电子干扰、防灾减灾、公共安全等军事和民用领域。

20世纪80年代，美国海关总署为了探测从美国南部边境偷渡毒品的低空飞机，委托Tcom公司开发了一套低空警戒系统，取得了非常好的效果，随后得到了广泛应用。1992年，气球载雷达正式进入了美军作战行列。2001年美陆军在新墨西哥州的一个靶场对探测巡航导弹的气球载雷达进行了展示性试验，以评估气球载雷达、哈姆拉姆导弹、阿拉姆导弹实施协同作战的效能。2007年底，美陆军计划接装第一套气球载雷达，从2009年开始大规模生产、采购、装备部队。

4.4　信息化武器装备的"人生大考"

近几年，山寨手机以相对低廉的价格、漂亮的外形和自我标榜的"独特功能"，在琳琅满目的手机通信市场上占据了一席之地。很多人在低价购买了山寨手机后沾沾自喜，以为占了很大便宜。殊不知，这些山寨手机价格低廉，是因为在研制中避开了应有的电磁兼容试验，降低了研发和试验成本。这样的手机投入市场后，轻则出现通信质量和可靠性不达标，重则会由于电磁辐射超标而扰乱用频秩序，干扰其他通信系统。

一部小小的手机尚且如此，作为信息化武器装备如果不经过严格的电磁环境适应性考核，绝不可能承受住信息化战场的历练。1982 年的英阿马岛之战中，英军的"谢菲尔德"号驱逐舰，由于电磁兼容的问题，导致对空警戒雷达与卫星通信不能同时工作。所以舰长在使用卫星通信时关闭了对空警戒雷达，而未能发现来袭的阿根廷"超级军旗"战机以及发射的"飞鱼"导弹，导致"谢菲尔德"号被击沉，成为一起最典型的由电磁兼容引发的"惨案"。后人每每谈论起这次作战行动时，对电磁兼容的讨论程度远远胜于对这场战争的起源、规模和战局的关注。所以，如果说气候环境和地理环境对信息化装备是一场冰与火的考验，那么电磁环境适应性考核对信息化装备来说，则是一场攸关生死的历劫，是它们真正需要经历的"人生大考"。

工欲善其事必先利其器。信息化武器装备要经历"人生大考"，也需要"考场"，就像人到医院看病，需要 CT 扫描仪这样的专业设备来诊断病情，需要无菌环境的手术室进行手术一样。我们将这个"考场"称为"电波暗室"。这是一个没有任何外界信号干扰，接近"零噪声"环境的房间。

在电波暗室里，可以通过专业仪表观察并精确揪出藏匿于任何电路

图4—3　电波暗室

板上的干扰源，进而采取技术手段将干扰隔离，确保自身的干扰不会影响其他装备系统。这就是"人生大考"的目的之———降低装备对外界的干扰。

试验时，将各类战场模拟电磁信号，通过一定的技术手段作用于信息化装备，检验武器装备在模拟实战环境下的性能降级情况，提前发现武器装备集成部署到其他作战平台后可能会出现的各类电磁兼容问题。这就是"人生大考"的目的之二——增强装备对外界的抗干扰能力。

往往一个试验周期下来，武器装备在经历了一场电与磁的历劫后，不合格的器件、不合理的结构设计都会被挑出并进行整改，使装备达到最佳的电磁兼容状态。所以，如果"谢菲尔德"号建造于今日，那么雷达和卫星通信系统之间的电磁兼容问题将不再是问题。看似耗资较大的试验费用，与整舰沉没的代价相比，不值一提。

装备是士兵的第二生命，对装备负责，就是对士兵的生命负责，不能让士兵牺牲生命来为装备不完美的试验环节埋单。经历了"人生大考"的信息化武器装备，如同士兵手中淬炼成钢的利剑，迎接现代化战争的挑战！

> **链接**　【电磁环境适应性】它反映了武器装备对战场电磁环境造成的影响及其在战场复杂电磁环境下的适应能力，是信息化装备的主要技术性能之一，也是武器装备部署、使用的基本依据。

4.5　让雷达不再弱不禁"风"

风能作为一种安全、清洁、无污染的可再生能源，在电力资源领域得到了广泛应用，已经成为继煤电、水电之后的第三大电力来源。可是2012年发生的"三一集团起诉奥巴马"案，再次引发了人们对风能开发利用的高度关注，它到底是不是一种"安全"的能源呢？

2012年9月28日，美国总统奥巴马以威胁美国国家安全为由签发行政命令，禁止我国三一集团在美国俄勒冈州一军事基地附近修建4座风电场。为此，三一集团在美关联公司罗尔斯公司将奥巴马告上法庭。通过双方的多轮交涉，最终三一集团放弃该风电场建设项目，以双方和解而告终。但是从中可以看出，风电场建设会对国家安全产生威胁这一论断绝不是空穴来风。

通常情况下，风电场多建于山顶、高原、海上，一个风电场内建有几十甚至上百个风力发电机，每个风力发电机外形巨大，塔筒直径可达6米，高度可达100米以上，再加上风叶的长度，整个风力发电机的高度将近200米。这种情况下，不但对空中或海上的航行安全构成直接影响，

图4—4 海上风电场

更为重要的是，风电场对电磁环境的影响，尤其是对预警雷达系统性能的影响更为明显，甚至威胁到国家主权安全和国防建设。一是风电场中的风电机和变电站在工作时会向外辐射无用、杂乱的电磁波，使风电场周边电磁环境恶化，从而降低雷达系统的灵敏度；二是当雷达波束照射到风电机的塔筒和旋转风叶时，会遮挡雷达信号并产生衰减，在雷达的探测距离、方位和高度上形成一定盲区；三是雷达波束照射到旋转的风电机叶片时，会产生多普勒效应，并形成较强的雷达反射信号，可能会造成雷达的虚警和漏警。特别是当雷达反射信号强度超过一定门限后，造成接收机过于饱和，在显示屏上形成大片"亮点"，无法正确识别出目标敌我属性，甚至直接损坏雷达系统的设备。

因此，西方国家和军队非常重视风电场对雷达系统影响，组织专门机构开展风险评估，制定出台技术标准规范，利用新技术新工艺，建立工作协调机制，确保雷达系统的预警探测能力不受影响。一方面从风电场角度着手，主要在保护距离限定、风电场布局设计以及风电机设计方面给出量化指标，如风电场与雷达间距大于5公里的限值、风电场选择雷达盲区部署以及风电机减小尺寸或涂隐身材料等措施；另一方面从雷达角度着手，在雷达信号处理方式、天线扫描控制以及增加补盲雷达等方面进行技术改进和装备升级，比如采用先进技术滤除风电场产生的杂波，采用多波束天线提高系统的环境适应性和灵敏度等。据外电报道，美军为了避免风电场影响雷达性能，推迟或否决了多达9000兆瓦的风电场项目，这接近于三峡工程总装机容量的50%。英国国防部专门研制了一种新型的雷达系统，以降低风电场对雷达系统性能的影响。

目前，针对风电场建设，美国、欧盟等国家的频谱管理部门逐步建立了关于风电场规划建设的军地协调机制，出台了科学系统的影响评估方法体系。通过多种措施和技术手段的综合应用，规避风电场对雷达预警探测性能的影响，让雷达系统不再弱不禁"风"。

链接

【风电场】一般建在山顶、海面、海滩、高原等风力资源丰富的地方，一个风电场一般包括几十个到几百个风电机。风电机主要由塔筒、轮毂、风叶三部分组成，其中体积最大的是塔筒和风叶。截至2015年底，我国已建大约600个风电场，年发电量1863亿千瓦时，占全国发电量的3.3%。

4.6　无人机隐形的"翅膀"

2016年5月21日，美军一架MQ-9"死神"无人机从阿富汗的基地起飞，沿阿富汗、巴基斯坦边界的山区低空飞行，数分钟后抵达巴基斯坦边境小镇艾哈迈德瓦尔西南的一处偏远地区。下午3时许，位于美国本土的美军联合特种作战司令部向无人机下达攻击命令，该无人机连续发射两枚"地狱火"导弹，准确击中正在行驶中的一辆丰田轿车，车中坐着的阿富汗塔利班最高领导人曼苏尔及其随从人员当场被导弹击毙。

美军又一次在未出动一兵一卒的情况下完成了作战任务。然而，这一系列看似"无人"的行动背后，正是由于电磁频谱在每个环节发挥着关键作用，才确保行动得以顺利完成。

上述任务中，无人机在阿富汗基地的起飞与着陆是由发射与回收分系统负责，该分系统在无人机起飞和着陆阶段对无人机进行控制，之后将控制权移交给美国本土的联合特种作战司令部；该司令部通过卫星链路控制数千公里外的无人机低空飞行穿越巴基斯坦边境并抵达预定位置；同时，光电传感器、合成孔径雷达等任务载荷收集到的图像信息也通过卫星链路传给美军司令部；美军司令部根据图像信息确定合适的攻击时机后，通过卫星链路向无人机下达攻击指令，无人机携带的"地狱火"导弹利用激光制导准确摧毁目标。

随着无人机数量的大幅增加以及越来越广泛地被应用在不同领域，无人机的频谱需求量剧增，无人机的频谱紧缺问题正变得越来越突出。有数据显示，海湾战争中"全球鹰"消耗的带宽是美军其他系统的5倍。此外，虽然一套无人机系统可以同时操控多架无人机，但受可用频率数量限制，有时只能维持其中一架执行飞行任务。可以说，频谱获取量的多少将直接影响执行作战任务的无人机数量。

事实上，无人机仅仅是未来无人化作战系统的普通一员，无人战车、无人艇、无人潜航器、无人空天飞机、军用机器人等已逐渐在各类军事行动中崭露头角，未来无人化战争已初现端倪。随着无人化装备在未来战争中所占比重越来越高，其对频谱资源的需求量也将大幅提升。能否为这些装备提供足够的频谱资源并管好用好这些资源将是未来衡量一国无人化作战能力强弱的重要标志，也将直接关系到未来战争的胜负。

美军高度重视对各类无人作战系统用频的保障和预置。美国国防部每隔两年颁布一版《国防部战略频谱规划》，里面详细列明了各类无人作战系统的工作频段和未来用频需求，不仅明确了各类无人作战系统的用频地位，提前规避与其他军、民用系统可能的用频矛盾，而且为未来无人作战系统的频率扩展预留了空间。

　　然而，国际《无线电规则》中并没有为无人系统分配专用的频谱资源，无人系统必须与其他系统共享频率。随着公众移动等系统的迅猛发展，无人系统的可用频谱资源面临进一步被挤占的风险。未来如何保障无人作战系统获得持续可用的频谱资源，从而确保在未来战争中取得主动权，已成为摆在各国电磁频谱管理者面前的一道难题。目前相关研究工作还在紧张地进行中，预计未来将会有越来越多的国家参与到无人化作战系统的频率竞争中来。

链接

　　【无人机】无人驾驶飞机简称"无人机"，英文缩写为"UAV"，是利用无线电遥控设备和自备的程序控制装置操纵的不载人飞行器。与载人飞机相比，它具有体积小、造价低、使用方便、对作战环境要求低、战场生存能力较强等优点。由于无人驾驶飞机对未来空战有着重要的意义，世界各主要军事国家都在加紧进行无人驾驶飞机的研制工作。

　　【无人机分类】按飞行平台构型分类，无人机可分为固定翼无人机、旋翼无人机、无人飞艇、伞翼无人机、扑翼无人机等。

　　按用途分类，无人机可分为军用无人机和民用无人机。军用无人机可分为侦察无人机、诱饵无人机、电子对抗无人机、通信中继无人机、无人战斗机以及靶机等；民用无人机可分为巡查／监视无人机、农用无人机、气象无人机、勘探无人机以及测绘无人机等。

　　按尺度分类，无人机可分为微型无人机、轻型无人机、小型无人机、中型无人机以及大型无人机。其中，微型无人机是指空机重量小于0.25kg，设计性能同时满足飞行真高不超过50m、最大飞行速度不超过 40km/h 的无人机；轻型无人机是指同时满足空机重量不超过 4kg，最大起飞重量不超过 7kg，最大飞行速度不超过 100km/h 的无人机；小型无人机是指空机重量不超过 15kg 或者最大起飞重量不超过 25kg 的无人机；中型无人机是指最大起飞重量超过 25kg 不超过 150kg，且空机重量超过 15kg 的无人机；大型无人机，是指最大起飞重量超过 150kg 的无人机。

按活动半径分类，无人机可分为超近程无人机、近程无人机、短程无人机、中程无人机和远程无人机。超近程无人机活动半径在 15km 以内，近程无人机活动半径在 15~50km 之间，短程无人机活动半径在 50~200km 之间，中程无人机活动半径在 200~800km 之间，远程无人机活动半径大于 800km。

按任务高度分类，无人机可分为超低空无人机、低空无人机、中空无人机、高空无人机和超高空无人机。超低空无人机任务高度一般在 0~100m 之间，低空无人机任务高度一般在 100~1000m 之间，中空无人机任务高度一般在 1000~7000m 之间，高空无人机任务高度一般在 7000~18000m 之间，超高空无人机任务高度一般大于 18000m。

4.7 碧波下的"幽灵"

2016 年 12 月 16 日，美国国防部发言人宣称中国海军在南海捕获了一艘美国无人潜航器，要求中国予以归还。12 月 17 日，中国国防部回应称，中国海军在南海发现了一具不明装置，为了航行安全，对其进行了"识别查证"，并决定通过适当方式移交美方。众所周知，南海近年来并不平静，美国军舰常以国际水域为名进行所谓的"无害通过"，碧波之下暗流涌动。该事件不过是美军在南海一系列小动作中的一个罢了。

这次事件中的主角——无人潜航器是美国泰里达因公司研制的LBS-G无人水下滑翔机，由美国海洋测量船"鲍迪奇"号布放，最大潜深1000米，最长可自主潜行180天，行程5000公里，可测量海水盐度和温度等海洋学数据，摸清所测量海域水体的声音传播特性，为战术决策、水声通信、声呐探测等提供支持。

美方辩称该潜航器当时用于测量水的盐度和温度以绘制水文地图。而事实上，"鲍迪奇"号是美国海军用于情报

图4—5　正在布放无人潜航器

搜集的间谍船，其当时工作的位置黄岩岛以东航道是各国轮船通行的大通道。这里的水下航路数据早已为各国所熟知，根本没有"测量水的盐度和温度以绘制水文地图"的必要。"鲍迪奇"号携带LBS-G无人潜航器在南海进行水下情报搜集，目的就是摸清南海海域中国战略核潜艇的巡航路径和进出航道的水下地理和水文特点，战略意图十分明显。可以说，"鲍迪奇"号的所作所为如司马昭之心，路人皆知。

那么，无人潜航器到底是依靠什么手段，能够长时间、远距离地执行情报搜集任务，并将各类情报信息传递给地面情报中心或测量船呢？

无人潜航器也被称为"潜水机器人"或"水下机器人"，分为遥控型

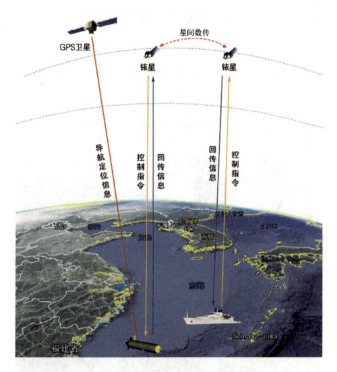

图4—6 无人潜航器典型通信场景

和自主型两大类。目前,在军事领域应用较为广泛的是自主型无人潜航器。该类潜航器活动半径大,在一定时间内不需要接收外界控制指令,按照预设的程序执行任务。为了将收集的信息传输至地面情报中心或测量船,以及接收新的控制指令,潜航器每隔一段时间会上浮至水面,通过卫星通信手段(如铱星通信系统)完成信息回传和指令接收。当无人潜航器距离测量船较近时,还可使用 UHF 频段视距通信系统或 Wi-Fi。此外,由于无人潜航器长时间在水下作业,不能接收导航定位信息,导致定位误差越来越大。因此,无人潜航器还需要定期上浮,接收 GPS 卫星导航定位信号,修正自身的位置信息。可以看出,在自主型无人潜航器工作过程中,远程控制、导航定位、回传信息等环节都需要无线电系统的支撑,可以说电磁频谱资源是无人潜航器完成任务的关键因素和幕后功臣。

由于无人潜航器具有隐蔽、机动、灵活和造价低等特点,已经成为美军近年来发展迅速的无人作战系统。据了解,美军目前正在研制的无人潜航器不仅可以辅助侦察船搜集情报,还可以直接携带武器,打击敌方目标。技术更加先进、功能更加多样、应用更为广泛,已经成为无人潜航器的发展趋势。

可以预见，不远的将来，随着无人潜航器的快速发展和广泛应用，对频谱资源的需求必将进一步激增。主要表现在，随着无人潜航器功能的多样化，其与地面站或测量船之间的数据传输量在增加，并且为了缩短在水面暴露的时间，需要更多的频率资源，以便达到更高的数据传输速率。其次，无人作战系统的一体化成为发展趋势，无人潜航器与其他无人系统（无人机、水面无人艇等）的信息交互在增加，这同样需要更多的频率资源支撑。

"现代战争，频谱先行"。西方国家在这些方面已经有所行动。早在2012年美国代表团曾在国际电联提交一份提案，要求国际电联相关研究组开展对无人艇频谱需求的研究，并为其确定工作频段，积极为其无人系统争夺频谱资源。

这次我军在南海捕获美军无人潜航器，已经为我们敲响了警钟。无人化作战正在向我们快步走来。我们要想抢占先机、把握主动、赢得战争，就要积极主动作为，超前谋篇布局。通过国际竞争、国内协调、军内统筹，化解未来无人化作战中装备用频的供需矛盾，储备优质频率资源，保障我们的无人化武器装备驰骋在未来的信息化战场。

链接

【无人潜航器】是指没有人驾驶，靠遥控或自主控制在水下航行，进行侦察监视、深海探测、救生打捞、排除水雷等高危险性水下作业的智能化系统，因此也被称为"潜水机器人"或"水下机器人"。目前，无人潜航器可分为遥控型和自主型两类。

遥控型潜航器，通过线缆与母船连接，其控制和通信信息可直接通过光缆传输，传输带宽大，速率快，但是受线缆长度的制约，潜航器的活动半径受到很大限制。自主型潜航器，依托无线电通信系统进行控制、导航、信息传输等，活动半径大、续航时间长、潜行距离远、隐蔽性强，只在接收和发射无线电信号时上浮至水面。

在军事领域，无人潜航器可用来侦察获取重要海域的情报数据，掌控其他国家的潜艇航路，提升己方潜艇舰队在航行期间的作战能力。除此之外，无人潜航器还可以直接携带武器，打击水下和水面目标。除军事用途外，无人潜航器在民用领域也用于海洋资源普查、搜救等任务。在搜救马航 MH370 失联客机行动中，"蓝鳍金枪鱼-21"自主型无人潜航器曾被用于在深达 4000 多米的南印度洋搜索客机残骸。

【铱星】是美国摩托罗拉公司设计的用于手机全球通信的通信卫星。初期设计认为全球性卫星移动通信系统需要七条太空轨道，每条轨道均匀分布 11 颗卫星，组成一个卫星星座系统。就像化学元素铱（Ir）原子核外 77 个电子围绕其运转一样，所以被称为铱星。该系统最大的技术特点是通过卫星之间的接力来实现全球通信。

第五章
电磁频谱像"子弹"一样重要

现代战争是信息化战争，在无形的电磁空间蕴藏着看不见但却日趋激烈的电磁频谱争夺战。美军参联会前主席、海军上将穆勒曾在海湾战争结束后作出预言："如果发生第三次世界大战，获胜者必将是最善于运用电磁频谱的一方。"可见，电磁频谱已成为信息化战场的"中枢神经"，它像"子弹"一样重要，是作战必要的物质基础。只有高效、合理地管理利用好电磁频谱，才能夺取未来战场的制电磁权。

5.1　拯救俄太平洋舰队的"电磁迷雾"

无线电通信被誉为信息化战场的"神经网络"。正因其如此重要，对无线电通信系统的干扰与破坏一直以来都是信息化作战的重要内容。但也许你不会想到，最早的无线电通信干扰在一百多年前的日俄战争中就已出现了。

1904年，日俄两国正式宣战后，占据主动的日本舰队对位于中国旅顺港的俄国太平洋舰队频频发起攻击，企图将其一举歼灭。但是，日本舰队在旅顺口外，难以发现停泊在旅顺港内的俄军舰只，无法实施准确的炮击。当时日军已经在其所有军舰上都安装了无线电通信装置,用于传递作战信息。于是,4月14日(一说是3月8日),日本舰队司令东乡平八郎派出"春日"号、"日新"号装甲巡洋舰炮击俄军停泊在旅顺港的军舰,同时让一艘小型驱逐舰停泊在靠近海岸的有利位置,观察日舰所发射的炮弹的弹着点,并用无线电通信对炮击点进行校正。由于有观察哨的校准,日军军舰的炮弹像长了眼睛一样,俄舰一度陷入惊恐混乱之中。

图5—1 早期无线电通信设备

当时的俄军在其远东地区的战舰上和靠近海军基地的许多地面站中也装配了无线电通信设备。正当日军军舰猛烈轰击俄军时,旅顺港基地的一名俄军无线电报务员无意中听到了日舰之间频繁的通信信号,他想到是不是可以采取措施在某种程度上干扰日舰之间的通信,灵机一动,他按下了火花式发报机的按键。

日军当时使用的无线电通信设备性能很差,只能在一个频率工作。当俄军按下发报机按键时,发报机产生的杂乱信号进入日军收报机,日军无线电报务员感到电台突然之间杂音很大，根本就听不清楚对方发的是什么，有时连声音也听不到。日军装甲巡洋舰再也无法获得新的炮击目标位置信息，炮手只能盲目开炮，毫无效果。东乡平八郎只好命令炮击停止，舰队撤回。俄军舰因而避免了一次毁灭性的攻击。

此次战斗，由于俄军实施了有效的无线电通信干扰，使日军的无线电通信设备笼罩在"电磁迷雾"之中，得不到观察哨的支援，炮击瞬间失去了强大的威力。

【无线电通信】利用无线电波进行的符号、信号、文字、图像、声音或其他信息的传输、发射或接收。

【船舶无线电通信】船舶无线电通信始于 1899 年，是船与船、船与岸、船与飞机以及船舶内部主要的通信方式，主要用于保障船舶航行安全和海上生命安全，保证各项航海业务顺利进行，保持船岸之间的日常联系。20 世纪初已有不少船舶装备了简单的无线电通信设备，如火花式发报机和矿石收信机，采用人工莫尔斯电报进行通信。

5.2 二战中的"听风者"

一看到听风者，也许有的人会马上想起香港明星梁朝伟主演的电影《听风者》。影片讲述了新中国成立初期，梁朝伟扮演的一位听力超凡的盲人，通过无线电测向设备，监听接收到的莫尔斯码报并定位发射源位置，抓捕潜伏在大陆敌特分子的故事。其实，在二战时的欧洲战场，无线电测向设备就已经应用于作战行动，并为盟军取得胜利立下了汗马功劳。其中比较著名的就是"哈夫-达夫"（Huff-Duff）测向仪。

"哈夫-达夫"测向仪是二战中英国皇家海军广泛使用的一种无线电测

向系统，它的名字来源于高频无线电测向（HF/DF）的代号。1926 年，后来成为英国雷达研究领军人物的沃森·瓦特发表了一篇介绍雷暴预警系统的论文。该系统利用无线电测向原理，能够定位闪电产生电磁波方向和高度，进而判定雷暴的具体位置。奇怪的是，当时这项公开发表的技术，除英国外，并未引起其他国家的关注。20 世纪 30 年代末，随着各项配套技术的不断成熟，在这项研究成果的基础上，英国研制出了"哈夫–达夫"无线测向系统的雏形。由于当时战争的需要和其出色的测向定位性能，很快得到了部署，并在二战大西洋战役中，为寻猎德军 U 型潜艇立下了赫赫战功。

在"哈夫–达夫"问世之前，普遍应用的测向方法需要操作人员监听来自目标船只的无线电信号，并小心翼翼地调节一个精密的拨盘来确定目标与监听站的方位角。当被测信号是莫尔斯码或断续的信号时，这一过程将会更加艰难。由于这种测向方法通常需要信号至少持续 1 分钟才能奏效，如果时间不够，测出的角度值就会有较大误差。德国海军觉察到了这一点，为了减少发报时间，他们首先将常规报文压缩为短编码，再通过恩尼格玛加密后快速发出。一名熟练的德国海军报务员拍发一份典型的短编码报文大约需要 20 秒钟，这让传统测向定位方法基本失效。然而，"哈夫–达夫"可以直接在显示屏幕上显示接收到信号的方位角数值，操作手不再需要调节刻度盘就可以方便地读取，测向时间可控制在数秒之内，让德军的短

图 5—2 测向仪

时编码毫无作用。

英国皇家海军的"哈夫-达夫"测向站最初部署在不列颠群岛和北大西洋沿岸，在实战中的测向精度相对较低。1944年，英军建立了以5个岸台为一组的定位群，以每个测向站的测量数据相平均的方法提高测量精度。后来，更严谨的统计学算法代替了简单取平均值的方式，进一步提高了"哈夫-达夫"测向系统的测量精度。

在1942年后，随着阴极射线管产量和可用性的提高，"哈

图5—3　战场上的测向仪

夫-达夫"摆脱了此前生产数量的限制。同时，投入生产的改进型产品还装备了可以自动扫描目标频段的连续调谐马达，当侦测到信号时能够立即报警，操作手就可以赶在信号消失前进行快速微调，进一步提高了测向速度。改进型"哈夫-达夫"被安装在了护航舰艇上，当德军潜艇被测向之后，英军会派遣猎潜艇和飞机对该方向进行搜索，并使用雷达和声呐进一步确定潜艇的位置。据统计，在二战中被击沉的U型潜艇总数中，有24%要归功于"哈夫-达夫"测向系统。

链接　【无线电测向】是利用无线电定向测量设备，通过测量目标辐射源（无线电发射台）的无线电特性参数，获得电波传播的方向。根据测向原理的不同，测向方法可以分为：

幅度测向法、相位测向法和空间谱测向法。

【无线电定位】是利用无线电测向确定辐射源目标的位置。根据定位原理的不同，定位方法可分为交叉定位法和时差定位法。目前，交叉定位是相对成熟、应用最广泛的无源定位技术。它是利用两个以上无线电测向设备，对辐射源目标进行测向，通过计算各个测向线的交点确定目标的位置。

它是使用多个测向站，并将每个测向站测得的示向线的交叉点作为目标辐射源，因此称为交叉定位，亦有称为交汇或交会定位。多个测向站会在一个目标位置处有多条示向线交叉，如图5—4所示。

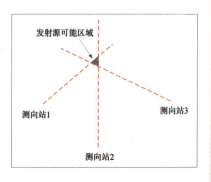

图5—4　交叉定位示意图

在现代社会中，特别是在信息化战争中，无线电定位技术发挥着越来越重要的作用，广泛应用于各军事领域。利用不同的定位原理，已经开发出了地面雷达、无人机、预警、侦察等系统。

5.3 "俾斯麦"号的不归路

1941年5月27日10时40分左右，随着"轰"的一声巨响，被称为"德国海军的骄傲"、世界上最强大的超级战列舰——"俾斯麦"号中弹起火，顿时，火光熊熊，烟雾冲天，接着翻滚着沉入了波涛滚滚的大海。包括卢金斯海军上将在内的2000名官兵，除110人被救起外，其余全部葬身海底。这是第二次世界大战期间著名的"俾斯麦"号战列舰歼灭战的"剧终"。也许你不会想到,"俾斯麦"号葬身海底的关键原因居然是德军两次不合时宜的通信电报。

　　事实上,5月24日在与英舰的战斗中,"俾斯麦"号就已遭受重创,油箱开始漏油,海面上长长的油迹暴露了它的行踪。眼看就要被紧追其后的两艘英舰擒获,但它却利用不良天候甩掉了英舰。

　　当"俾斯麦"号在大西洋里自由地游弋了约三十小时后,舰长自信已甩掉追捕者,于是向柏林发电,报告局势并向希特勒效忠,时间是5月26日8

图5—5　"俾斯麦"号中弹起火

时52分。不料,"俾斯麦"号的无线电信号却被英军截获,并通过无线电测向定位设备锁定其发射位置。侥幸的是,英军旗舰接到报告的地点与"俾斯麦"号所处的实际位置偏差近200英里。这次失误再一次使得"俾斯麦"号死里逃生。就在英国海军陷入绝望时,德军却又犯了一个致命错误。德国统帅部不知什么原因,向"俾斯麦"号发出了一长串电报,令它全速驶向法国布勒斯特港。英国又截获了这个电报,并测出"俾斯麦"号去布勒斯特港的概略航线,而后派出巡逻机到指定海域进行搜索。

　　5月26日下午,英国海岸司令部的一架巡逻飞机,发现了距离布勒斯特港约700英里的"俾斯麦"号。晚上7时,从"皇家方舟"号上起飞的2架鱼雷轰炸机,向"俾斯麦"号发起攻击,有2枚鱼雷击中目标,那个庞然大物在原处转了两个圈子,似乎已失去控制。此时,英军的几艘驱逐舰已经赶到,像一群猎狗包围一只受伤的熊一样,使其几乎无法行动。

5月27日上午8时47分,"俾斯麦"号的厄运到来了。英战列舰"罗德尼"号首先向其开炮,1分钟后,"英王乔治五世"号也投入了战斗。经过半小时的激战,"俾斯麦"号中部起火,舰身急剧向左侧倾斜。"罗德尼"号逼近到4000米距离上,向"俾斯麦"号密集发射炮弹,到10时15分,"俾斯麦"号上炮声沉寂了,舰桅已被打掉,火光熊熊,浓烟冲天,但还没有沉,仍在汹涌的波涛中颠簸。最后,英航空兵和军舰先后向"俾斯麦"号发射鱼雷,完成了这一海上围歼的最后一击。

"俾斯麦"号虽然在5月24日之前的战斗中遍体鳞伤,但并未致命,它还是利用不良天候摆脱了危险。如果"俾斯麦"号能根据自身处境保持无线电静默,悄悄行动,尽管身负"重伤"也可以胜利地返回布勒斯特港。但由于德军在通信过程中接连出现失误,以致把军舰位置暴露给了英军,从而招来杀身之祸。

小小无线电静默,看似平淡无奇,却维系着千军万马的生死,影响着一场战斗、战役乃至整个战争的成败。

链接 【无线电报】是指利用电键控制一个低频信号发生器的振荡与否,再被一个高频载波信号所调制,经功率放大,由天线发射。在接收端,经信号检波后,输出一组电平高低变化的低频信号,由报务员译码得到发报者要传递的消息。

【无线电静默】是指在重大军事行动开始前一方关闭无线电联络以避免大规模部队集结和联络造成敌人发现意图的行动。在战场上,为了防止敌方通过无线电侦测到自己的存在,必须禁止发出任何无线电信号,这个时候就是无线电静默,只接收信号而不发射信号。

5.4 "福莱斯特"号自爆的罪魁祸首

2013 年 10 月，美国媒体用调侃的口吻纷纷打出了这样一个标题："是的，不是 1 美元，只要 1 美分，美军退役航母拿回家！"这可不是玩笑，当时，美国海军以 1 美分的"吐血跳楼价"，将这艘排水量超过 7.5 万吨的超级航母"福莱斯特"号抛售给了一家金属公司，不少媒体打出了这样的标题。为什么美军重金打造的超级航母会以几乎白送的方式给金属公司呢？且看下面的故事。

1955 年，美军建造了号称有史以来最大的船——"福莱斯特"号，它的造价当时高达 2.17 亿美元。该航母是美国建造的第一级航空母舰，一度被认为是美国技术的奇迹，所以冷战期间，每逢与苏联关系紧张，或遇海外战事，它都会被美国军方当作军事行动的开路先锋。

1967 年 7 月，"福莱斯特"号航母抵达越南附近海域奉命执行轰炸任

图 5—6 "福莱斯特"号航母

务。7月25日到达预定海域，并迅速对越南北方的桥梁、仓库、萨姆防空导弹发射阵地和机场进行了狂轰滥炸。在此后的4天时间里，其舰载机出动了150架次而无一损失。然而美国人做梦都没有想到"福莱斯特"号很快就摊上了大事。

1967年7月29日上午10时25分，艾伯特等20多名美军飞行员登上座机，准备发动第二波空袭行动。艾伯特驾驶的是F-4"鬼怪"舰载战斗机，在战机机翼下挂载着MK32—127毫米火箭弹。这种火箭弹有一个绰号叫"阻尼"，采用电击发，号称是打击铁路、桥梁和仓库的高效武器。按照技术手册，F-4"鬼怪"舰载战斗机需要在外部电源的帮助下才能启动发动机。这时舰上地勤人员将供电车和F-4电源连接起来，等艾伯特打出手势后便接通了电源开关，随后在军械员确认安全后，艾伯特将安全销插入了武器火控系统，接通了机载火箭弹的电源。这就意味着火箭弹已经处于激活状态，看起来一切似乎都平安无事，但他们都没有想到一场飞来横祸就近在眼前。

10时51分，艾伯特接到了指令启动了F-4"鬼怪"舰载战斗机的发动机，准备从供电车供电切换到内部电源，他按下按钮，突然感到机身一阵抖动，抬头一看，他吃惊地发现翼下一枚MK32火箭弹正拖着黄色火焰穿过飞行甲板朝着舰载机群飞去。艾伯特大吃一惊，自己并没击发火箭，它怎么会飞出去呢？艾伯特看着远去的火箭弹，恨不得把手伸

图5—7 "福莱斯特"号航母爆炸现场

出舷窗外把它拉回来，然而，这一切已经为时已晚，这枚不知如何发射的火箭已经飞出去90多米，正好打中一架A-4"天鹰"攻击机的副油箱。顿时烈焰腾空，浓烟滚滚，警报铃声大作，甲板上着火了，甲板上的美军惊作了一团，"福莱斯特"号顿时陷入了慌乱。

此时，"福莱斯特"号舰长看到发生爆炸事故，随即下令航母立即减速，把27节航速陡降到7节，减小风速，防止火势蔓延，并组织官兵灭火。但是面对炸弹引起的大火，这些举措无疑是杯水车薪，由于航母甲板上飞机密集，火焰很快席卷了整个机群，不断有飞机的油箱开始燃烧，重达300—400公斤的航空炸弹也相继爆炸，火焰很快蔓延至整个航母。航母舰员冒着生命危险从燃烧着的飞机上卸下武器弹药，将装备扔入大海。火灾持续12个小时，造成134人遇难，62人重伤，21架飞机被毁，43架飞机受损。浓厚的悲情色彩，让"福莱斯特"号成了超级航母中的"扫把星"。1993年退役后，它的"养老"问题自然成了烫手的山芋，被各方当作皮球踢来踢去。最终以1美分的超低价卖给金属公司，最后被拆成一堆废铁。

关于"福莱斯特"号航母自爆的罪魁祸首，直到今天仍然是众说纷纭。主流说法有两种：一种解释是由于浪涌，当F-4舰载机驾驶员按下按钮，从供电车供电切换到内部电源供电时，由于电源切换，产生了超出正常工作电压的瞬间电压，击发了MK32火箭弹；另一种解释是雷达电磁辐射，具体说是由于该航母上的大功率搜索雷达辐射的电磁波照射在舰载机的一个屏蔽装置上，在该屏蔽装置两端产生了过高的射频电压，从而触发该舰载机导弹误发射并引发灾难。

链接 【浪涌】沿线路或电路传播的电流、电压或功率的瞬态波。浪涌顾名思义就是超出正常工作电压的瞬间过电压，其特征是先快速上升后缓慢下降。本质上讲，浪涌是发生在仅仅百万分之一秒的时间内的一种剧烈脉冲。

可能引起浪涌的原因有：电源切换、开关切换、雷电放电、核爆炸等。其特点是出现时间很短，大概是在微秒级别，普遍存在于配电系统中，

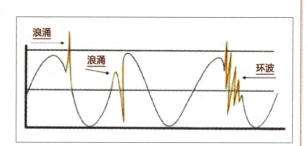

图5—8　浪涌

表现为电压或电流波动，其危害包括造成设备自动停止或启动，击穿半导体、破坏元器件金属化表层，产生干扰、接收或传输数据失败、原因不明的故障。浪涌可以采用浪涌防护器进行防护，主要是限制瞬态过电压及泄放相应的瞬态过电流，保护电子电气设备安全。

【电磁辐射】信号源向外发出电磁波的现象。电磁辐射的基本条件是产生电磁振荡并把电磁波能量辐射出去。天线是辐射电磁波最有效的设备，另外，布线、结构件、元件、部件等也能起到发射天线的作用，辐射发射电磁波信号。电磁辐射源分为信息辐射源和电磁噪声辐射源两类。

信息辐射源是以发射信息为目的的电磁辐射源，如无线电发射台站、雷达发射系统、无线电遥控发射装置等。其电磁辐射包括有用发射和无用发射两部分。有用发射是传输有用信息所必需的有效发射能量，无用发射是附带的电磁辐射，包括带外发射和杂散发射。信息辐射源通常使用各种天线进行电磁辐射。

电磁噪声辐射源包括人为电磁噪声辐射源和自然电磁噪声辐射源。人为电磁噪声辐射源如工科医设备、机动车、电力线路、荧光

灯等，在工作过程中将不可避免地产生电磁辐射，对其周围一定区域产生影响；自然电磁噪声辐射源有银河系辐射、太阳辐射、大气辐射、闪电和雷暴的电场、大地表面的电磁场、降物静电放电辐射、人体静电放电辐射等，其电磁辐射是自然现象的一部分。

5.5 "谢菲尔德"号沉没的背后

也许你还记得 1982 年爆发的那场二战以来规模最大的海战——英阿马尔维纳斯群岛（简称"马岛"，又称"福克兰群岛"）之战。这是一场信息化条件下的现代海战。交战期间，英军造价 1.5 亿美元的"谢菲尔德"号导弹驱逐舰被阿根廷"飞鱼"导弹击沉的事件让人印象十分深刻。让我们翻开历史的画卷，重温当时这一震惊世界的战役。

图 5—9 马岛战争示意图

1982 年 2 月 26 日，英阿在纽约就马岛归属问题谈判破裂后，双方关系开始恶化。阿根廷政府决定以武力收复马岛。4 月 2 日和 3 日，阿根廷派出由 400 多人组成的陆、海、空三军突击队先后在斯坦利港和南乔治亚岛登陆攻占马岛。4 月 3 日，英国迅速出动包括"无敌"号和"竞技神"号航空母舰在内的特混舰队，决定以武力收回马岛。

5 月 1 日，英军开始了对马岛的进攻。5 月 4 日，1 架低空飞行的阿

图 5—10 英国特混舰队

根廷"超级军旗"战斗机在距英国特混舰队 80 公里处发现了英国海军的"谢菲尔德"号导弹驱逐舰和"普茨茅斯"号护卫舰,并在距英舰约 30 公里处发射了 2 枚"飞鱼"反舰导弹。而此时,"谢菲尔德"号导弹驱逐舰正承担着特混舰队与伦敦的中转卫星通信任务。由于舰上未能实现通信、雷达及电子支援系统之间的电磁兼容,雷达和卫星通信系统无法同时工作。通信期间,雷达必须停止工作。当"飞鱼"反舰导弹距离击中该舰还有 6 秒钟时,该舰完成卫星通信任务开启雷达并发现目标,但为时已晚,控制中心还来不及做出有效反应,飞掠而来的导弹便击中该舰左舷中部,导弹穿舷而过,钻进甲板下的控制中心爆炸,在水线以上 1.8 米处炸开一个大洞。爆炸使军舰的动力、照明、消防系统全部瘫痪,引燃了密集的电线和通信电缆的塑胶外皮,舰上毒烟弥漫。4 小时后,舰长下令弃舰。5 月 10 日,英军造价达 1.5 亿美元的"谢菲尔德"号导弹驱逐舰在拖航途中沉没。

事后英军反思,"谢菲尔德"号被击沉的主要原因是舰上进行卫星通信时要求预警雷达不准开机，以免干扰卫星通信系统工作，从而致使舰上雷达未能及时探测到阿根廷"超级军旗"战斗机。这也就是说，"谢菲尔德"号如果能很好解决卫星通信系统和雷达等其他系统的电磁兼容问题，也就能避免被击沉的惨剧。

图5—11　"谢菲尔德"号中弹燃烧

链接

【电磁兼容】设备（分系统、系统）在共同的电磁环境中能一起执行各自功能的共存状态。设备或系统在其电磁环境中能正常工作且不对该环境中任何事物构成不能承受的电磁干扰的能力称为设备或系统的电磁兼容性。实现电磁兼容是无线电管理的最终目的。电磁兼容学科的研究内容是无线电管理的理论基础之一。

【允许干扰】是指观测到的或预测的干扰，该干扰符合国家或国际上规定的干扰允许值和共用标准。

【可接受干扰】是指干扰电平虽高于规定的允许干扰标准，但经两个或两个以上主管部门协商同意，且不损害其他主管部门利益的干扰。

【有害干扰】是指危害无线电导航或其他安全业务的正常运行，或严重地损害、阻碍或一再阻断按规定正常开展的无线电通信业务的干扰。

5.6 贝卡谷地的无形硝烟

了解世界军史的朋友对贝卡谷地肯定不会陌生。它位于黎巴嫩东部靠近叙利亚的边境地区，是一块南北走向的高原谷地，南北长约 150 公里，平均宽度为 16 公里。由于其具有悠久的历史文化，素有"通向文明的走廊"之称。除了文化悠久之外，贝卡谷地也是战争多发之地，其中最著名的一场当属 1982 年的贝卡谷地空战。让我们再来回顾一下当时的战争场景。

1982 年 6 月 9 日下午 2 点，一阵急促的战斗警报声划破了贝卡谷地的宁静。一名叙军雷达兵突然发现在雷达荧光屏的左下角出现了几十个"亮点"，并迅速向雷达阵地逼近。叙军指挥官迅速下达命令：制导雷达开机！发射！各阵位萨姆-6 防空导弹相继升空，荧光屏上的"亮点"顷刻间全部消失。正在叙军欢呼雀跃的时候，收缴"战利品"的叙军士兵却发现，被击落的飞机都是以色列军队的无人机。

叙军指挥官立刻醒悟过来，但一切为时已晚。以空军战机和地面导弹部队发射的"百舌鸟""标准""狼"等型号的反辐射导弹像长了眼睛似的，准确命中萨姆-6 防空导弹阵地。随着一声声震天动地的爆炸声，贝卡谷地很快被硝烟笼罩。不到 6 分钟，叙利亚人苦心经营 10 年、耗资 20 亿美元才建立起来的

图 5—12 以战机发射反辐射导弹

19个萨姆-6阵地、228枚导弹就已灰飞烟灭。

图5—13　贝卡谷地空战场

得知贝卡谷地导弹阵地遭袭，叙空军立即从本土起飞62架米格-23和米格-21战机，扑向贝卡谷地上空的以军攻击编队。然而，以军对此早有防范。以军由F-15、F-16和E-2C等飞机组成混合作战机群，在叙机可能来袭的方向早已建立了一道空中"电磁屏障"。叙军飞机刚刚滑出跑道，就被E-2C预警机捕捉到，其飞行的距离、高度、方位、速度等参数被传送给以军作战飞机。叙机临近贝卡谷地上空，立即遭到以军电子战飞机的强电磁干扰，机载雷达既看不见以军战机，也与地面指挥通信中断，得不到地面防空火力的有效支援，顿时成为无头苍蝇，一架架被以军当成活靶子击落。

在短短的两天时间里，以军利用其构建的"电磁屏障"牢牢掌握着战场的主动权，以几乎零损失的代价彻底摧毁了贝卡谷地叙军部署的萨姆导弹阵地，击落叙军战机82架。面对如此巨大的损失，11日叙利亚只得高悬"免战牌"，同以色列达成停火协议。

为什么叙以两军在贝卡谷地之战会出现这样"一边倒"的局面？为什么在第四次中东战争中大显神威的萨姆-6防空导弹此时却不堪一击？为什么叙以两军战机在空中较量的结果如此悬殊。带着这些疑问，让我们来探究其中的缘由。

提起萨姆-6防空导弹，以色列人既怕之又恨之。在1973年的第四次中东战争中，埃及和叙利亚突然使出这柄"杀手锏"，击落 109 架以色列作战飞机。对于曾经称霸中东的以色列空军而言，这绝对是前所未有的重大打击。战后，以色列加紧研究对付萨姆-6 防空导弹的办法。1979 年，以色列情报机构"摩萨德"费尽周折终于收集到了萨姆-6 防空导弹几乎所有的技术资料。以色列军事专家分析后发现，萨姆-6 防空导弹之所以在实战中表现出色，除了采用车载发射平台，机动性能好的因素外，更重要的是它的制导雷达采用了多波段多频点的工作模式，可根据战场情况灵活设定不同的工作频率。因此，抗干扰、抗摧毁能力得到大幅提升，能够有效规避以军的电磁干扰和反辐射导弹的攻击。以军决定就从制导雷达入手，寻找对付萨姆-6 防空导弹的办法。

经过一年多的研究，以军终于制定出对付萨姆-6 防空导弹的方案。使用无人侦察机作为"诱饵"，抵近叙军雷达阵地，诱使萨姆-6 防空导弹制导雷达开机。无人机将截获的雷达波频率数据传给空中盘旋的预警机，

图 5—14　萨姆-6 防空导弹

并通过预警机上的数据链系统分发至空中待命的战机。这些数据被注入机载反辐射导弹的导引头，引导导弹自动跟踪地面雷达阵地的位置，最终摧毁叙军萨姆-6防空导弹。

方案确定后，以军根据萨姆-6防空导弹的技术资料，在其"猛犬"无人机上装载针对萨姆-6防空导弹的侦察系统，可捕获分析萨姆-6防空导弹制导雷达信号的频谱参数，如工作频率、信号带宽、调制样式等。为了提高反辐射导弹打击目标的精度，以军对"百舌鸟""标准"等型号反辐射导弹进行升级改造，使用可调节工作波段的引导头，不仅扩大了跟踪的频率范围，而且能够快速预置跟踪的频率。与此同时，以军研制针对萨姆-6防空导弹的电子干扰设备，升级电子战飞机的干扰吊舱，可对萨姆-6防空导弹制导雷达实施全波段的干扰压制。

"万事俱备，只欠东风"。正在以军苦于没有实战环境检验这套方案的时候，机会来了。1981年4月，叙利亚将萨姆-6防空导弹部署在贝卡谷地。以军闻讯后，立即派出一架"猛犬"无人机前往贝卡谷地实施侦察。刚一接近贝卡谷地，就被叙军萨姆-6防空导弹制导雷达锁定并被击中。就在坠毁前的几秒钟，机上探测设备已经捕获了叙军萨姆-6防空导弹制导雷达的频谱参数。几天后，又一架"猛犬"无人机飞往贝卡谷地。这一次，它不但顺利完成了使命，而且还成功躲过2枚萨姆-6防空导弹的攻击。这次的成功让以军欣喜若狂，他们不但验证了已经获得的制导雷达频谱参数，而且还检验了电子干扰的效果。在此后的1年多时间里，以军频繁派遣无人机到贝卡谷地实施侦察，彻底摸清了萨姆-6防空导弹制导雷达频率的使用情况。

讲到这里大家也许就明白了，为什么在故事开头，叙军雷达荧光屏上的"亮点"是以军的无人机，为什么以军的反辐射导弹会对叙军萨姆-6防空导弹阵地实施"外科手术"式的精确打击。

贝卡谷地空战之所以成为世界空战史上的经典战例，不仅仅是双方战果悬殊，更重要的是第一次向全世界诠释了信息化战争的内涵，展示了制电磁权对战争结局的决定性作用。正是战前以军通过情报搜集、侦察等手段全面掌握了萨姆-6防空导弹制导雷达的频谱参数，使其能够在空战的一开始就击中了叙军的"命脉"，牢牢掌握了战场频率资源使用的主动权，为其实施精确火力打击、全面掌控作战进程奠定了重要基础。

链接

【制电磁权】如同制空权、制海权，是指作战中在一定时空范围内对电磁频谱领域的控制权，是制信息权的重要组成部分。

【反辐射导弹】是利用敌方雷达辐射的电磁波，发现、跟踪并摧毁目标的一种导弹，又称反雷达导弹。该类型导弹在发射前要对目标进行侦察，测定其坐标和辐射参数。发射后，导引头不断接收目标的电磁信号并形成控制信号，使导弹自动导向目标。在攻击过程中，如被攻击的雷达关机，导弹的记忆装置能继续控制导弹飞向目标（会影响命中精度）。

5.7 海湾战争的"天空之眼"

海湾战争前，伊拉克拥有阿拉伯国家中最强大的军队，号称世界第三，总兵力包括95万正规军、48万预备役部队以及65万准军事部队，装备坦克5600辆、火炮3800门、作战飞机770架。以美军为首的多国部队参战总兵力40万人。双方兵力悬殊，战前很多军事专家预言，即使多国部队能赢，也会付出沉重的代价。事实果真如此吗？

战争开始前，为了准确查明萨达姆及其政权、军队的动向，美国使用了由各种侦察卫星构成的太空侦察监视网，实施多平台、多手段、全方位、全天候的不间断侦察监视，广泛收集伊拉克的政治、军事和经济情报。战争中，美国投入太空侦察监视类卫星达 30 多颗。光学成像卫星每隔 97 分钟飞越海湾上空一次，并可进行情报信息的实时传输。卫星拍摄的相片直接发往位于美国首都华盛顿的图像判读中心，以图像形式显示在屏幕终端上。雷达成像卫星可识别弹道导弹、坦克、火炮等机动目标，美军利用其所获图像绘制了伊军地下工事、机库掩体、装甲车辆等目标图。电子侦察卫星通过截获电子、通信信号获取情报，提供了伊拉克核生化设施的战略情报和伊军电子干扰设施的位置情报。美国空军曾

图 5—15 "长曲棍球"雷达成像侦察卫星　　　图 5—16 海洋监视卫星

经声称，"甚至连伊拉克飞行员在待飞室中打开电动剃须刀的声音都能分辨得出"。海洋监视卫星专门接收舰船雷达和无线电通信信号，为美军对伊拉克实施海上封锁提供海湾、红海、地中海上的水面舰船及潜艇活动情况。导弹预警卫星监视伊军"飞毛腿"导弹的发射，它对"飞毛腿"导弹做到了 3 分钟以上的预警。

据不完全统计，海湾战争期间，侦察卫星为以美国为首的多国部队查明了机场、"飞毛腿"导弹发射阵地、指挥中心、通信枢纽、海军基地及舰队、装甲目标、生化武器库、核设施等伊拉克战略战役目标的位置，为实施空袭选择了 2000 多个重点打击目标。判明了伊军主力共和国卫队的位置，通过破译密码了解伊军部署、调动、处境等情况，准确分辨出真假

目标及判明目标的摧毁程度。它还截获大量俄语通信，证实苏联向伊拉克派出了数量可观的军事顾问，发现400辆满载军火的俄罗斯卡车取道伊朗驶入伊拉克，这为美国在战争中处理对俄关系提供了重大决策依据。

细心的读者会问，美国怎么会有这么多卫星为其所用呢？技术落后的伊拉克怎么就没有呢？原来，国际规则中卫星频率轨道资源的主要分配为"先申报就可优先使用"的抢占方式。在这种方式下，各国根据自身需要，依据国际规则向国际电联申报所需要的卫星频率轨道资源，先申报的国家具有优先使用权；然后，按照申报顺序确立地位次序。随着卫星侦察、通信和导航等应用需求的增长，频率轨道资源日趋紧张，围绕着频率轨道资源的争夺日趋激烈，世界各国纷纷加大了频率轨道资源的申报力度。美国、俄罗斯等航天强国从20世纪五六十年代就已向国际电联申报并依照国际程序获取了大量的频率轨道资源，以支撑其数量庞大的卫星系统，这也导致目前很多好用的频段和轨道位置都已被这些大国占用，伊拉克等其他国家再想从中分得一杯羹已经非常难。

就这样，以美国为首的多国部队，依托强大的卫星侦察网络，形成了"一览众山小"的情报态势。加之强大的火力、精准的制导、迅疾的传输速度，对伊军形成了非对称、单方面的战略优势，伊拉克萨达姆政权的一举一动尽在美国侦察卫星"千里眼"的掌控之下。让伊军战无可战、逃无可逃、藏无可藏。最终，海湾战争只持续了43天，以美国为首的多国部队以126人阵亡的较小代价重创伊拉克38个师，取得了这场现代高科技局部战争的胜利。

【电子侦察卫星】是指装有天线、接收机和终端等电子设备，通过侦收电磁辐射信号获取情报信息的侦察卫星。

【海洋监视卫星】是指装有电子侦收和雷达等设备，用于探测和监视海上舰船、潜艇活动的侦察卫星。

【预警卫星】是指装有星载遥感器，用于探测、发现、识别、跟踪弹道导弹等飞行目标并及时提供预警信息的卫星。

5.8　出其不意的"斩首"行动

1996 年 4 月 21 日深夜，在车臣共和国的西南部，距首府格罗兹尼市 30 公里处的吉克希·楚村，一辆汽车在朦胧夜色的掩护下缓缓驶出，来到村外的一片开阔地。黑暗中，一个人跳下汽车，掏出一个公文包大小的移动电话开始通话。广阔的田野里除了低沉的说话声外，一切都显得那么平静。孰料，几分钟后，两个喷着火尾的黑影呼啸着从天而降，一切都来不及反应，只听见"轰隆"两声巨响……待硝烟散尽，旷野里只留下两个深深的弹坑和一副汽车残骸，以及几具散落在周围的尸体。第二天，一个令人震惊的消息迅速传遍世界，车臣共和国第一任"总统"——杜达耶夫被导弹击毙！

杜达耶夫的死立即在俄罗斯各界引起了强烈反应，其死因众说纷纭、猜测种种。谁也没有想到，俄军抛弃了匕首、毒药、手枪、定时炸弹等传统暗杀方式，采用精确制导导弹这样的高技术手段，完成了对杜达耶夫的"斩首"行

图 5—17　杜达耶夫

动。就在人们议论纷纷之际，5月末，俄边防军抓获了此次事件的亲历者——杜达耶夫的妻子。她在一次接受新闻记者采访时，向人们揭露了杜达耶夫之死的真相。

据杜达耶夫的妻子回忆，杜达耶夫藏匿期间，行踪诡秘、防范甚严，与部下和同僚之间都是通过一部卫星移动电话联系。他每次打电话时都让其远离，通话时间也尽可能短，通话结束后就立刻撤离。之所以这么做，是因为他早就知道俄罗斯的军用飞机可以通过截获移动电话发射的无线电信号，引导导弹打击目标。而且他还做过一个试验，把一个"大哥大"开机后放在空旷的场地，不一会儿，俄军战机就出现在"大哥大"上空，并准确地向"大哥大"发射导弹。但是4月21日晚，杜达耶夫却一反常态，除了让她远离汽车之外，通话时间也比以往要长很多。然而就在他毫无防备地拿着电话与人交谈时，俄军导弹从天而降，他当场被炸身亡。

现在大家也许明白了，杀死杜达耶夫的幕后"凶手"竟然是他使用的卫星移动电话。那么既然杜达耶夫对此早有防范，俄军到底是通过什么办法完成"斩首"行动的呢？原来，俄军情报部门侦察发现，杜达耶夫使用的这部卫星移动电话是由国际移动卫星组织开发的全数字式卫星移动电话，依靠国际商用通信卫星来传递信号，全球只有4万个用户终端。俄军认为，只要能够获取杜达耶夫这部卫星电话的信号频率，就可以使用卫星跟踪系统定位其具体位置，进而使用反辐射激光制导导弹发起攻击。

不久，俄军方通过秘密渠道获取了杜达耶夫这部卫星电话的信号频率。接下来，俄空军动用"伊-76"电子战飞机和"伊柳辛"雷达预警飞机在靠近车臣的上空昼夜不停地巡逻飞行。只要杜达耶夫接通电话，几秒钟内就会被俄军机载雷达捕获，并利用无线电测向系统，确定杜达耶夫的通话位置，通常情况误差不超过几米。同"伊-76"和"伊柳辛"飞机一同行动的还有两架武装直升机，机上携带了俄制反辐射激光制导导弹。这种导弹的头部安装了自动引导装置，当攻击的目标出现后，只要把目标辐射的信号频谱参数注入导弹内部的引导装置，导弹发射后就会沿着目标辐射出的电磁波束飞行并将其摧毁。

按照这个方案，4 月 21 日之前，俄军已经采取了 4 次行动，但每次都因为通话时间太短，导弹刚刚发射，杜达耶夫就关了机，导弹失去了引导电波，没有命中目标。为了尽可能延长通话时间，俄特工部门安排"内线"，在 4 月 21 日深夜与杜达耶夫通话，并故意拖延时间。没想到这次杜达耶夫放松了警惕，通话的时间特别长。这给苦苦等待的俄军一次良机，早已等候多时的俄空军电子战飞机立即捕捉到了电话发射的电磁信号，通过比对信号频谱参数和声音，确认是杜达耶夫本人在通话后，立即将相关信息发送给枕戈待旦的武装直升机。而就在此时，杜达耶夫丝毫没有意识到

图 5—18　杜达耶夫被击杀现场

死神的到来，仍在继续通话。于是两枚反辐射导弹呼啸而来，直接命中目标，杜达耶夫当场毙命。

可以说，俄军这次行动开创了使用精确制导武器执行"斩首"行动的先河。之所以能够成功，从主观角度来说，是因为杜达耶夫一时的疏忽给他带来了杀身之祸。从客观角度来说，是俄军充分利用了卫星移动电话通信过程中存在的薄弱环节，截获辐射到空中的电磁信号，分析频谱参数，进而判定电话用户身份，定位辐射源位置，最终实现了对目标

的精确打击。

在电影《窃听风云》中有这样一段对白，"每个人的手机都是一部窃听器，不管你开不开机，都能被窃听！"看来，这已经不是电影里的故事情节，而是无形电磁空间斗争的真实写照。

链接

【卫星移动电话】是基于卫星通信系统来传输信息的通话器，也称为卫星中继通话器。它是现代移动通信的产物，其主要功能是填补现有通信（有线通信、无线通信）终端无法覆盖的区域，为人们的工作生活提供更为健全的服务。现代通信中，卫星通信是无法被其他通信方式所替代的，现有常用通信所提供的所有通信功能，均已在卫星通信中得到应用。

卫星通信系统由空间部分——通信卫星、地面部分——通信地面站两大部分组成。在这一系统中，通信卫星实际上就是一个悬挂在空中的通信中继站。它居高临下，视野开阔，只要在它的覆盖照射区以内，不论距离远近都可以通信，通过它转发和反射电报、电视、广播和数据等无线信号。从一个地面站发出无线电信号被卫星通信天线接收后，在通信转发器中进行放大、变频和功率放大，再由卫星的通信天线把放大后的无线电波重新发向另一个地面站，从而实现两个地面站或多个地面站的远距离通信。

5.9　诱捕"坎大哈野兽"的天网

2011年12月4日，伊朗媒体宣布，伊防空部队在伊东部边境城镇卡什马尔空域，成功击落一架入侵的美军RQ-170型无人侦察机。该新闻一经报道，立即引起了全世界的轩然大波。4天后，伊朗军方又通过国内数家电视台，播出被击落的美军 RQ-170 型无人侦察机的画面，进一步证实了先前的报道。从伊方提供的照片看，被击落的这架无人机并不是大家想象的一堆残骸，除了机身腹部被遮挡外，其他部位看起来几乎完好无损。全世界的目光一下子聚焦到了这架类似蝙蝠形状的无人机上。

　　为什么这个事件引起了全世界的高度关注？还是要从 RQ-170 型无人侦察机说起。该型侦察机由美国大名鼎鼎的洛克希德·马丁公司秘密研制，是一种用于对特定目标进行侦察和监视的高空、亚音速、中远程、长航时隐身无人机。据称，RQ-170 型无人侦察机能够截获对方通信系统、防空系统的电子信息，监视地面作战部队行动，是美军最先进的隐身侦察无人机。该飞机主要用于执行美中央情报局和美军情报机构的空中侦察任务，因其在打击阿富汗塔利班恐怖组织军事行动中发挥过重要作用，因此，被美军昵称为"坎大哈野兽"。

　　面对美军拥有的强大非对称信息优势，伊朗防空部队到底运用了什

图 5—19　伊军诱捕的 RQ-170 型无人侦察机

么样的战法，几乎是毫无损伤地"击落"这样一款具有隐身能力的最新型无人侦察机，令美国大丢颜面呢？一位参与研究该无人机的伊朗工程师透露了其中的秘密。

与目前大多数中远程、长航时无人机类似，RQ-170 型无人侦察机采用了综合控制模式，既可以按照预定程序和任务规划，依托 GPS 卫星导航、无线电高度表、陀螺仪等设备自动控制飞行航迹，也可以由地面控制人员根据任务变化和无人机回传的状态信息，实时发出遥控指令，改变无人机飞行状态。当 RQ-170 型无人侦察机执行中远程任务时，受地球表面曲率的影响，无法直接接收地面站遥控指令和回传侦察信息时，则需通过太空的中继卫星进行转发。考虑到 GPS 导航信号易受人为或自然干扰的情况，该型无人机还装有惯性导航装置，在无法接收 GPS 导航信号的情况下，可利用数学推算的位置信息控制飞行的轨迹，实现自主导

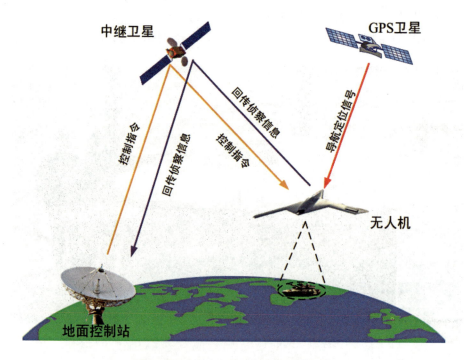

图 5—20　无人机综合控制模式示意图

航。不过这种导航方式存在一定的误差，需要通过不定期地接收 GPS 导航信号修正空间位置信息，进而精确地控制飞行的轨迹。

针对 RQ-170 型无人侦察机这种综合控制模式，利用 GPS 导航信号易受干扰的弱点，伊朗防空部队使用地面电子干扰装备向无人机发射强电磁波，干扰机载卫星信号接收系统，切断其与中继卫星间的控制链路和与 GPS 卫星间的导航链路。当 RQ-170 型无人侦察机与地面控制站失去联络并无法接收 GPS 导航信号时，将会根据事先设定的程序进入惯性自主导航状态。为了防止这架"失控"的无人机逃脱伊军设好的"口袋"，伊军利用部署在地面的 GPS 欺骗系统，向无人机发射"伪造"的 GPS 导航信号，使其进入 GPS 导航状态，重新校正无人机的空间位置坐标，并

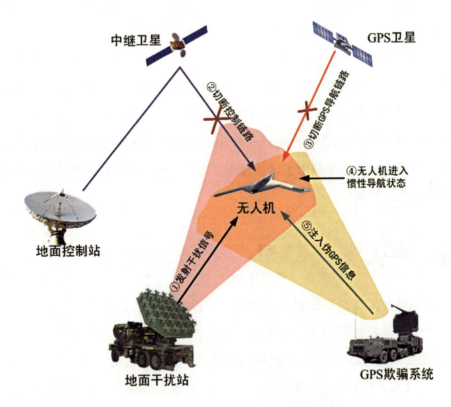

图 5—21　诱捕美军无人机过程示意图

按照伊军设定的飞行航迹降落到伊朗境内指定地点。

这名工程师说，伊军使用的这种"哄骗术"，无需破译来自美军地面控制站的遥控信号即可控制 RQ-170 型无人侦察机的飞行航迹，使其误认为降落在阿富汗的基地。从最终的结果看，可以说是一次完美的"诱捕"行动，展现了伊军高超的电子战能力。

看到这里也许大家会问，伊军是如何成功伪造 GPS 导航信号，让美军 RQ-170 型无人侦察机"信以为真"的呢？这位伊朗工程师说，伊朗早在 2007 年就开始监视美军无人机，分析发现其导航模式存在的薄弱环节，并重点对截获的 GPS 导航信号频谱参数进行分析，掌握了 GPS 信号中位置信息的编码结构。这样一来，就可以根据需要人为预置 GPS 导航信号中的位置信息，达到以假乱真的效果，欺骗无人机进入"伪 GPS"导航状态，进而控制其飞行航迹，达到诱捕的目的。

近年来，西方一些军事专家发表过一些有关针对 GPS 实施欺骗性干扰的可行性分析报告，认为通过分析 GPS 信号的频谱参数，掌握其内部的编码结构，就很有可能伪造出民用级 GPS 导航信号，甚至是美军使用的军用级 GPS 导航信号。从这次伊军诱捕 RQ-170 型无人侦察机的过程看，伊军正是灵活地利用了这种技术，在现代化非对称作战中实现了"四两拨千斤"的效果。

链接

【频谱参数】全称为电磁频谱技术参数，用于描述用频装备（设备）在发射和接收电磁波时的技术特性，主要包括工作频率范围、占用带宽、频率容限、发射功率、带外发射、杂散发射等相关技术指标。这些参数如同用频装备（设备）的"指纹"，可以从多个侧面反映用频装备（设备）的战术技术特点。

【无人机操控模式】目前，无人机的操控模式主要有三类：一是自备程序控制模式，也称自动飞行模式，是指无人机按照预定程序和任务规划，依托卫星导航、无线电高度表、陀螺仪等设备控制航迹，自动遂行作战支援保障或作战任务的方式，其最大特点是无人机和地面之间没有控制信息交互，可以做到自动驾驶。二是指令遥控遥测模式，也称人在回路模式，是指地面操控人员根据任务规划和无人机回传的状态信息，实时发出遥控指令，控制无人机飞行和遂行任务的方式，主要有视距控制、空中中继和卫星中继三种形式，其最大特点是无人机和地面之间控制信息交互频繁，起飞后全程全时受地面控制。三是综合控制模式，即上述两种模式的综合运用，目前中远程、长航时无人机主要采用此类模式。

【无人机主要用频装备】主要包括三类：第一类是通信装备（遥控和数传设备或数据链设备），是无人机核心用频装备，也是频谱需求最多的装备，主要完成地面控制指令的传输、无人机侦察信息的实时回传等。第二类是传感器装备，主要包括合成孔径雷达、数字摄像机、红外或光电传感器等各种雷达或视频传感器，主要完成无人机的遥感遥测。第三类是导航定位装备，用于完成对无人机的高度、速度、地理位置等的测定。

【GPS 信号】GPS 卫星信号由载波、测距码和导航电文三部分组成。GPS 载波位于 L 波段，包括 L1（1575.42MHz）和 L2（1227.60MHz）两个载波频点。可以较为精确地测定多普勒频移和载波相位，提高测速和定位精度。GPS 测距码有三种，分别为民码（C/A 码及 CS 码）、传统军码（P 码）和现代化的军码（M 码）。民码是一种公开的明码，采用二进制相移键控调制（BPSK），测距精度一般为 10 米级，主要用于民用导航定位。传统军码（P 码）也采用二进制相移键控调制，测距精度一般为1米级，目前只有美国及其盟友的军方以及少数美国政府授权的用户才能够使用。现代化的军码（M码）采用二进制

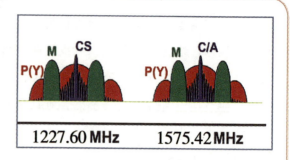

图 5—22　GPS 信号频谱示意图

偏移载波调制（BOC），具有更好的抗干扰性能，未来将替代传统的P码而成为美军主要的军用导航信号。

　　导航电文包含了卫星空间位置、卫星钟的修正参数、电离层延迟改正数等 GPS 定位所必要的信息，也称数据码。

第六章
世界因你而精彩

一百多年以来，人类对电磁空间的探索、对电磁频谱的应用从未停止。人类利用电磁波的传播特性传输信息，发明了无线电台广播、无线电导航、移动互联网、手机等；利用电磁波的反射特性实现对目标的探测，发明了雷达、无线电遥感和遥测、无线电导航等；利用电磁波的能量转换特性，发明了微波炉、无线充电等等。可以说，电磁频谱的应用，已经渗透到了我们工作生活的方方面面，让我们这个世界变得日益丰富多彩。

6.1 指尖上的生活

1973 年 4 月的一天，一名神秘男子出现在纽约街头，掏出了一个约有两块砖头大，只带着一根短短的天线，却没有连接电线的设备。在众人好奇的注视下，他按下了一串电话号码，用手中的这个"大砖头"打通了他的竞争对手的电话。这次通话就是在世界移动通信史上具有里程碑意义的第一通移动电话。这个人就是手机的发明者马丁·库帕（Martin L. Cooper），美国著名的摩托罗拉公司的工程师，也是全球第一个拨打移

图6—1 马丁·库帕

动电话的人。他手中的那个"大砖头"就是世界上第一部手机 Dyna-TAC。

手机的正式名称是蜂窝移动电话，是蜂窝移动通信系统中的一种移动终端设备。手机依靠无线电波与移动通信基站建立起连接，并依托基站和其他用户进行通信。无论是语音还是文字或视频、图像等多媒体数据，都是由手机将其转换成无线电信号以电磁波的方式传输。因此手机通信离不开无线电频谱，移动通信是由电磁频谱来承载的。

当库帕拨打世界第一通移动电话时，他还可以使用任意的电磁频段。事实上第一代模拟手机（即俗称的"大哥大"）就是靠不同频率来区别不

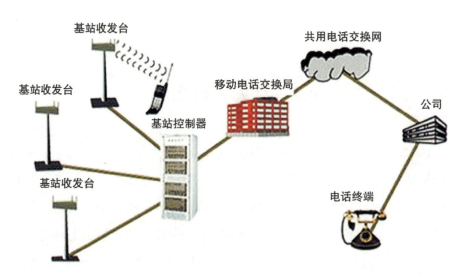

图6—2 蜂窝移动通信系统示意图

同用户的手机的，这就是通常所说的频分多址方式（FDMA）。在这种方式下，一个用户通信时就单独占用一个信道，频率资源的利用率是比较低的，主要依靠增加频率资源的方式满足用户的增长。但由于当时移动通信用户少，普及度不高，使用较少的频谱资源就能够满足移动通信的需要。

随着技术的发展，出现了第二代移动通信（2G）手机。我们通常所说的 GSM 手机和 CDMA 手机就属于 2G 手机。第二代移动通信采用了数字技术，同时不再单纯依靠不同频率来区分不同用户的手机，而是在此基础上还通过不同的时隙或不同的信号编码形式使多个用户能同时使用一个信道。靠不同的时隙区分用户的方式就是时分多址（TDMA）方式，GSM 就同时使用了 FDMA 和 TDMA 两种方式。靠不同编码形式区分用户的方式就是码分多址（CDMA）方式，我们使用的 CDMA 制式的 2G 手机就是采用的这种方式。无论是 GSM 还是 CDMA，通过采用新的多址方式，频率利用率和用户容量都比第一代移动通信（1G）有了很大的提高。同时，由于采用数字技术，话音质量和保密性有了明显提升。

技术的发展促使移动通信业务迅速扩张，移动通信这个昔日代表着稀缺和高端的事物逐步进入寻常百姓家，并且越来越成为人们日常生活的一部分。随之而来的是移动通信对频谱资源需求的迅速增长。为了更好地支持移动通信事业的发展，国际电信联盟和各国频谱管理部门为移动通信业务统一规划和分配了频谱资源。目前，我国为 2G 移动通信系统在 900MHz、1800MHz 附近频段分配了共计 180MHz 带宽的频谱资源。

第一代和第二代移动通信主要是满足人们语音通话的需求，传输话音的无线电信号带宽较小，对使用的频谱资源带宽要求低。随着 WCDMA、CDMA2000、TD-SCDMA 技术的成熟，通过手机传输图像、视频等多媒体数据成为可能，第三代移动通信（3G）也应运而生。与话音传输不同，多媒体数据的传输对无线电信号的带宽提出了更高的要求。

因此，需要更多的频率资源支撑第三代移动通信的发展。目前，数据和移动多媒体业务呈爆发式增长，移动通信对频率资源的需求越来越旺盛，如何为移动通信规划和提供越来越多的频率资源已然成为移动通信发展中的一个重要问题，也是国际和各国无线电管理机构的一个重要工作。从国际电信联盟到各国政府频谱管理部门，都积极为第三代、第四代甚至未来第五代移动通信调整、开拓新的无线电频谱资源，同时通过新技术不断提高频率的利用率。目前，我国为 3G 和 4G 系统在 2000MHz 频段分配了约 300MHz 带宽的频谱资源，并逐步将 2G 的频谱资源转向 3G、4G 的应用。

第三代、第四代移动通信除了使用更多的频段外，还通过采用更新的编码体制在有限的频段内提供更高的数据传输速度，满足传送声音、数据等多媒体信息的需求。有了 3G、4G 的支撑才有我们现在使用的智能手机，不仅可以实现基本的发短信、打电话等通信功能，还可以提供视频聊天、在线会议、联机游戏、网上购物、数据下载等移动宽带多媒体业务。可以说，今天的手机已经由一个单纯的通信工具演变为集移动

图6—3 智能手机

数据、移动计算、移动多媒体等互联网应用于一身的强大智能终端，甚至完全可以匹敌计算机，而这一切都离不开电磁频谱的支撑。随着频谱资源越来越稀缺，必须不断开发新技术，对电磁频谱进行更为高效的利用，才能承载更多的新功能，我们的生活也会因此而更为丰富多彩。目前，全球各大运营商与制造商正在制定更新第五代移动通信标准（5G），指尖上的生活将更加精彩。

链接

【蜂窝移动通信系统】也叫"小区制"系统，是将所有要覆盖的地区划分为若干个小区（即"蜂窝"），每个小区的半径视用户分布密度而定，在每个小区设立一个基站为本小区范围内的用户服务。手机和基站之间通过无线通道连接起来，从而实现用户在活动中相互通信，并具有跨区切换和跨本地网自动漫游功能。整个系统由移动交换中心、基站子系统、移动台（如手机）及移动交换中心至基站的传输线组成。移动交换中心与公共电话交换网相连，移动交换中心负责连接基站之间的通信。通话过程中，由移动台与所属基站建立联系，再由基站与移动交换中心连接，最后接入到公共电话网，从而实现话音、数据、视频图像等多媒体数据的传输。

【第二代移动通信系统（2G）】以数字语音传输技术为核心，一般具有通话、短信等服务，可低速传送电子邮件、网页等。2G手机分为两种制式：

第一种是源于欧洲、基于TDMA发展起来的GSM技术标准。TDMA技术是将时间分割成互不重叠的时段（帧），再将帧分割成互不重叠的时隙（信道）与用户一一对应，根据时隙区分来自不同地址的用户信号，从而完成多址连接。在满足精确定时和同步的条件下，基站可以分别在各时隙中接收到各移动终端的信号而不产生混淆，同时基站发向多个移动终端的信号都按顺序安排在给定的时隙中传输，各移动终端只要在指定的时隙内接收，就能在合路的信号中把发给它的信号区分并接收下来。

第二种是CDMA技术标准。CDMA基于扩频技术，即将需要传送的具有一定信号带宽的信息数据，用一个带宽远大于信号带宽的高速伪随机码进行调制，使原数据信号的带宽被扩展，再经载波调制并被发送出去，接收端使用完全相同的伪随机码，与接收的带宽信号作相关处理，把宽带信号还原为原信息数据的窄带信号即解扩。这样多路信号只占用一条信道，极大提高了带宽使用率。CDMA工作在800MHz频段，双工间隔为45MHz，载频间隔为1.23MHz，不同的CDMA蜂窝系统占用不同频段的1.23MHz带宽，同一个CDMA蜂窝系统内则共享一个频带，依靠对不同的小区和扇区基站分配不同的码型区分不同的用户。在使用相同频率资源的情况下，CDMA网络容量要比GSM大4—5倍。

【第三代移动通信系统（3G）】是指将无线通信与互联网等多媒体通信结合起来的新一代移动通信系统，它能够处理图像、音乐、视频流等多媒体形式，支持高速数据传输。目前国际上最具代表性的3G技术标准有三种：分别是WCDMA、CDMA2000和TD-SCDMA。

WCDMA是基于GSM发展而来的技术规范，由欧洲和日本提出，是一种利用码分多址复用方法的宽带扩频移动通信技术，它采用直扩模式，载波带宽为5MHz，数据传输速率可达2Mbps（室内）以及384kbps（移动空间），它采用FDD频分双工模式，与GSM网络有良好的兼容性，通过采用最新的异步传输模式微信元传输协议、自适应天线和微小区技术，大大提高了系统容量，实现高速数据传输。WCDMA 目前由中国联通运营。

CDMA2000 是由窄带 CDMA 发展而来的宽带 CDMA 技术，由美国高通公司提出，其技术原理与 WCDMA 类似，但可完全兼容 CDMA 系统。它采用多载波方式，载波带宽为 1.25MHz，可实现最高 2Mbps 的传输速率。通过采用导频辅助相干检测、两类码复用业务信道传输不同速率数据等技术，提高系统容量。CDMA2000 目前由中国电信运营。

TD-SCDMA 为中国提出的技术标准，载波带宽为 1.6MHz，通过采用时分同步码分多址、智能天线、联合检测、上行同步、接力切换、动态信道分配等技术，提高系统容量和传输速率。它采用不需成对频率的 TDD 时分双工模式以及 FDMA/TDMA/CDMA 相结合的多址接入方式，理论峰值速率可达 2.8Mbps。TD-SCDMA 目前由中国移动运营。

【第四代移动通信系统（4G）】包括 TD-LTE 和 FDD-LTE 两种制式，集 3G 与 WLAN 于一体，能够快速传输高质量音频、视频、图像等数据，在 20MHz 频谱带宽下能够提供下行 100Mbps 和上行 20Mbps 以上。核心技术包括正交频分复用（OFDM）、多输入输出（MIMO）、智能天线、软件无线电、多用户检测等。目前，我国三家运营商已经取得 TD-LTE 牌照，其中中国移动获得 130MHz 频谱资源，中国联通获得 40MHz 频谱资源，中国电信获得 40MHz 频谱资源。中国联通和中国电信同时也取得了 FDD-LTE 牌照，其中中国联通获得 20MHz 频谱资源，中国电信获得 30MHz 频谱资源。

【第五代移动通信系统（5G）】物联网尤其是汽车互联网等产业的快速发展，对网络速度提出了更高的要求，成为推动5G网络发展的重要因素。5G目前还处于技术标准的研究阶段，有望2020年正式商用。5G具有更高的速率、更宽的带宽，能够承载虚拟现实、超高清视频等用户体验，同时具有更高的可靠性、更低的时延，能够满足智能制造、自动驾驶等行业应用的特定需求。核心技术包括大规模天线阵列、超密集组网、新型多址、全频谱接入和新型网络架构等。根据各国目前研究，5G技术相比4G技术，其峰值速率将从100Mb/s提高到几十Gb/s，一旦投入应用，目前仍停留在构想阶段的物联网、车联网、智慧城市、无人机网络等概念将变为现实，此外还可进一步应用到工业、医疗、安全等领域，创新出新的生产方式。全球各国均在大力推进5G网络，以迎接下一波科技浪潮。

6.2　智慧小镇

很多人曾想象过未来的城市生活：各种自动化设备一应俱全，人们只需动动手指便可解决生活中的众多需求。而如今，这些多数人想象中的便利在丁兰智慧小镇已逐渐变成现实。

丁兰智慧小镇的前身是杭州市的丁兰街道，原称丁桥镇，位于杭州市江干区东北部。2014年末，根据杭州市政府撤镇建街的要求，丁桥镇改成丁兰街道，并被列为浙江省"生态智慧型城镇化"的试点区域，成为杭州唯一一个镇级"智慧城市"试点。如今，谈起丁兰街道，再也不是老杭州人记忆中遍布印染、机械加工等传统工业的景象。今天的丁兰小镇已经插上了"智慧"的翅膀，发生了翻天覆地的变化，变身丁兰智慧小镇。

在智慧小镇，住户不在家也能通过手机查看家里老人的血压是否正常、小孩是否放学回家、煤气开关是否关紧。下班回到小区，智慧停车诱导系统会在入口处的电子屏提示住户哪里有空车位。社区还安装了 E 邮柜，可以把快递暂时存放在邮柜里面，待住户回到小区后通过密码开锁、取件。如果小区楼道灯坏了，不需要通知物业，也无需下楼再去亲自请师傅，只要拍一张照片上传到智慧社区平台上，物业管理就会派人维修，修好后还会再拍照回传给住户，告知维修结果。

这一切"便利"的背后，都离不开移动互联网、物联网的支撑。依靠电磁频谱实现的随时随地全覆盖的高速宽带无线互联是整个智慧小镇的基础。在这个基于电磁频谱实现互联的小镇，以电磁频谱为媒介，依托大数据、云计算技术、物联网、移动互联网、智能射频终端等，丁兰智慧小镇将政府职能、公共服务、城市管理等无限延伸，对民生、环保、公共安全、城市服务等做出智能响应，实现城市智慧化的管理和运行，让城市全面进入"互联网+"时代。随着智慧城市的发展建设，公共无线接入、高速数据传输对频谱资源提出了越来越多的需求。目前，各地都为无线接入分配了频率资源，越来越多的城市可提供随时随地按需接入的服务，电磁频谱让我们的城市越来越便捷，越来越智能。

丁兰街道在杭州市率先试点智慧安防，建设"丁兰眼"城市管理联动平台。依托无处不在的无线互联，将楼道和公共空间里的探头以及治安交警、城市管理、河道水质、森林防火等多行业监控探头和感知设备，全部纳入"监控云"，建立基础信息"集中研判—分级共享—智慧调度"的联合管理模式，打破公安、交警、城管信息壁垒，实现了一体化的统一管理和智慧城市治理全域覆盖联动管理。

在全方位打造智慧家庭方面，依托物联网，智慧小镇开通"菜丁兰"

系统实施物流精准配送，缓解小镇居民"买菜难"；试点社区应用智慧停车系统，缓解百姓"停车难"。依托移动互联网，在全国率先试点推广智慧医疗网上平台，缓解基层群众"看病难"问题。并且，智慧小镇还将免费为小镇空巢老人安装智能血压计、智能监控探头、管道天然气漏气检测仪"智慧家庭三件套"，缓解空巢老人"养老难"问题。

在高质量建设智慧社区方面。智慧小镇还将实施"公共区域 Wi-Fi 覆盖"工程，试点社区公共区域实现 Wi-Fi 全覆盖。开发"邻里通"智慧社区管理服务平台，实现社工上门服务智能化办公。开展"云屏幕进楼道进公园"试点，在廉租房小区楼道、公园内设置 200 余块电子互动屏幕，打造居民自治"升级版"。开发"丁兰评"APP 评价系统，探索社区居民对社会组织、物业公司、志愿者等各方服务绩效的实时在线评价。

在立体化推进智慧治理方面，智慧小镇将依托智慧应用不断延伸政

图6—4　智慧城市全景图

府服务，加快提升辖区综合治理水平。简化窗口办事流程，在智慧审批中应用电子公章，行政审批时间大为缩短。此外，智慧小镇还将引入智慧景区软件移动支付、虚拟体验、虚拟孝文化展示馆等子平台，以更好地促进传统文化的传承。

链接

【智慧城市】是运用信息和通信技术手段感测、分析、整合城市运行核心系统的各项关键信息，从而对包括民生、环保、公共安全、城市服务、工商业活动在内的各种需求做出智能响应，实现城市的智慧式管理和运行。智慧城市通过物联网、云计算、移动互联网等新一代信息技术以及社交网络、综合集成法等工具和方法的应用，实现全面透彻的感知、宽带泛在的互联、智能融合的应用以及用户创新、开放创新、大众创新、协同创新为特征的持续创新。智慧城市是一个复杂的相互作用的系统，信息技术和其他资源要素优化配置并共同发生作用，促使城市更加智慧地运行。智慧城市的服务对象面向城市主体——政府、企业和个人，它的结果是城市生产、生活方式的变革、完善和提升。

【云计算】是基于互联网的相关服务的增加、使用和交付模式，通常涉及通过互联网来提供动态、易扩展且经常是虚拟化的资源。云是互联网、网络的一种比喻说法，表示互联网和底层基础设施的抽象。云计算可提供可用的、便捷的、按需的网络访问，进入可配置的计算资源共享池（资源包括网络、服务器、存储、应用软件、服务等）。这些资源能够被快速提供，用户通过电脑、手机接入数据中心，按自己的需求使用运算服务。

【移动互联网】是移动通信和互联网融合的产物，集成了移动通信随时随地随身和互联网分享、开放、互动的优势。移动运营商提供无线接入，互联网企业提供各种成熟的应用。

【"互联网+"】最早是易观国际集团董事长于扬在 2012 年 11 月的易观第五届移动互联网博览会的发言中提出，当时只是作为一种尝试寻找行业发展的跨平台产品和服务的理念。而在 2015 年 3 月的十二届全国人大三次会议上，李克强总理在政府工作报告中首次提出"互联网+"行动计划，表明由"互联网+"创造的新生态战略已经被提升到国家层面。通俗来说，"互联网+"就是"互联网+各个传统行业"，但这并非二者的简单相加。实质上，"互联网+"可以看作是充分发挥互联网思维在社会资源配置中的优化和集成作用，将互联网的创新成果高度融合到工业、农业、经济等社会各领域行业中，进而提升社会创新力和生产力，推动社会形态演变和传统行业的转型升级。

"互联网+"作为一种新的社会形态，有着泛在的接入特性，其发展导致用频设备的进一步爆发式增长，从而必然对频谱的利用提出新的需求。根据 ITU 预测，2020 年全球移动通信（IMT）频率需求将达到 1340~1960MHz，我国 2020 年移动通信频率需求在 1490~1810MHz，频谱缺口约为 1000MHz。在当前频谱基本划分完毕的情况下，可供分配的频谱资源越来越少，因此高效的频谱共享和动态分配等新技术的发展已成为缓解频谱危机和支撑"互联网+"发展的关键。

6.3　斩断"电信诈骗"的毒瘤

2015 年 5 月的一天，一位手机用户向上海警方报案称，因一条手机短信，自己的银行卡被人划走了七百多元。警方进一步了解发现，该用户接到过一条手机短信，称可以用密码积分兑换礼品。在丰厚礼品的诱惑下，受害人信以为真，按照短信提示在银行 ATM 机上进行了银行卡业务的操作，在不知不觉中一步步陷入了对方设下的圈套，导致了财产损失。

在日常生活中，我们也许都遇到过这种诱使人上当受骗的诈骗短信或诈骗电话，也同样收到过虚假中奖、消费信息或者商品推销信息的电话和短信。这些电话和短信大都是以诱人的条件骗取用户信任，进而诈骗钱财，给人民群众的财产造成了损失，让广大手机用户不堪其扰。我们把这种通过电话或短信实施诈骗的形式统称为"电信诈骗"。

近年来，随着手机的普及和移动通信相关设备技术门槛的降低，以诈骗短信形式出现的"电信诈骗"越来越多，诈骗短信如一颗毒瘤通过手机窜入人们的生活，让很多不明真相的群众防不胜防。

我们知道，手机短信都是通过运营商的基站设备发送到用户手机的。既然诈骗短信危害巨大，那么运营商会发送这种非法短信给用户吗？究竟谁才是这起诈骗短信幕后的黑手呢？让我们一起来探究一下背后的秘密。

2015 年 7 月，上海警方在嘉定区某宾馆将犯罪嫌疑人李某抓获归案。经查，李某于2014 年花 1 万多元，网购了可以给手机用户发送虚假信息的

图6—5　伪基站设备

图6—6　伪基站发送诈骗短信示意图

设备，并在城市人口密集区发送诈骗短信，先后诱使多人上当受骗。这套长约40厘米的长方体机器，附带有数据线及天线，还有遥控开关控制机器的开启，并配有笔记本电脑、手机。图6—7中设备就是发送诈骗短信，实施电信诈骗的关键设备——"伪基站"。

伪基站，顾名思义就是假冒的移动通信基站，是一套独立的无线移动网络系统。一般由四个部分组成：硬件主机设备、电脑、天线以及测试手机。近期出现的伪基站又名"圈地信息群发设备""小区短信设备"或"广告机"。与移动通信类似，伪基站也是利用电磁频谱发送信息。伪基站通过发送与移动通信基站相同制式的无线电信号，使得其附近的手机误以为伪基站就是正常的移动通信基站，从而接入伪基站网络，与伪基站建立无线连接。伪基站与手机建立连接的同时，也获取了用户手机卡的信息。不法分子就是利用伪基站将编辑好的诈骗短信发送到用户手机的。

正是利用了电磁频谱的共享性和无线电通信的开放性特点，伪基站才能屡屡欺骗用户手机接入自己的网络，从而实现向手机发送诈骗短信的目的。那么，伪基站为何能够诱骗手机接入伪基站网络呢？原来，这是由2G移动通信基站和手机之间单向鉴权的特点决定的。在2G网络中，基站和手机建立连接过程中，基站对手机信号是进行鉴别的，但手机并不鉴别基站信号。伪基站就是钻了这个空子，由于手机并不鉴别基站信号，手机并不能识别连接的基站是否是伪基站。对于连接3G、4G网络的手机，伪基站会发射干扰信号，迫使手机自动切换到2G网络模式，然后再诱骗接入伪基站网络。

伪基站具有体积小、隐蔽性强、流动性强等特点。不法分子为了增大垃圾短信的传播范围，一般会选择在人口稠密、手机用户众多的地方开设伪基站设备，如快捷酒店房间、住宅区短租屋等都是首选地点。伪基站天线放置在窗边，设备放在房间内，可对周围五百米区域发射信号收集用户信息，发送设定的诈骗短信，作案方式非常隐蔽。近年来，随着无线电管理部门对伪基站打击力度的加大，出现了更为隐蔽的移动式伪基站。移动式伪基站一般装在汽车、电动车甚至移动拉杆箱、背包等十分隐蔽的载体内，采用逆变器或蓄电池供电，便于流动作案。移动式伪基站更具有伪装性，部署和撤离快，给伪基站的排查、定位增加了难度。

图6—7　移动式伪基站

诈骗短信不但让人民群众不堪其扰，也严重扰乱了电磁频谱的使用秩序，侵犯了移动通信频谱资源的使用效益。针对这种不法行为，近年来各地无线电管理部门加强了打击监管力度。但仅靠传统的无线电监测、定位等技术手段，在对付伪基站上还有很多不足。这是由于，一是伪基站和移动通信基站具有同样的信号特征，也都是用移动通信分配的频段，仅通过常规的频谱监测手段很难识别出是真的基站信号还是伪基站信号；二是伪基站的辐射功率和覆盖范围很小，距离稍远的情况下频谱监测设备就很难接收到它的信号，加之其移动作案，发完就走的特点，因此通过城市固定监测站一般很难发现伪基站信号；三是移动通信基站在频率使用上采用的是分区复用的方式，不同位置的监测站接收到的同频的基站信号可能来自不同的基站，因此难以通过交叉定位的方式对其进行定位。

那是不是我们对伪基站就束手无策了呢？当然不是！为了有效打击伪基站，无线电管理人员经常在垃圾短信高发的区域利用监测车、便携式监测测向设备隐蔽蹲守，确保伪基站一出现就能发现它的信号。同时，结合对区域内出现的可疑车辆、人员的观察，捕捉伪基站线索。针对伪基站的监测，无线电管理部门结合移动通信运营商提供的基站信号相关数据信息，开发了专用的伪基站监管系统软件，大大提高了对伪基站信号的甄别能力。近年来，大数据技术也不断被应用到对伪基站的查处中。通过移动通信运营商提供的大量受扰用户位置信息进行大数据挖掘，可分析出"伪基站"经常出现的区域，技术人员可以有的放矢地开展打击工作。

【伪基站】利用移动信令监测系统监测移动通信过程中的各种信令过程，获得手机用户当前的位置信息。当用户的位置信息与垃圾短信选择发送的特定区域一致时，即向用户发送垃圾短信。为获得准确、全面的用户信息（当前位置信息和用户手机号），信令监测系统需要监控移动通信网络中的相关信令链路。伪基站启动后，干扰和屏蔽一定范围内的运营商信号，趁着这个时间，伪基站搜索出附近的手机号，并将短信发送到这些号码上。伪基站能把发送号码显示为任意号码（如110、10086等）甚至是邮箱号。

6.4 猎捕城市上空的"黑色幽灵"

美好的清晨，在公园边散步的市民王先生打开了收音机，本想收听最喜爱的广播节目，不想却听到了高价兜售药品的广告。低俗露骨的广播内容顿时让王先生散步的兴致全无，这就是让人不胜其烦的"黑广播"。它就像一个隐藏在城市上空的"黑色幽灵"一般，不时闯入人们的生活。那么，这些幽灵一般的"黑广播"是如何隐藏在城市上空，并大摇大摆闯入人们正常生活的呢？

城市调频广播是市民了解城市新闻、收听娱乐休闲节目、倾听百姓生活百态的一种大众媒体。它通过无线电波将声音传送到用户的收音机，用户通过收音机从无线电波中将声音信号还原并播放出来。因此，每一个调频广播电台都要使用无线电频谱。为了确保调频广播规范的使用频谱，无线电管理部门对广播电台的设置是统一审批的，通过审批才能使用规定的无线电频率进行广播节目的播出。由于无线电频谱资源的开放性、共享性，使得"黑广播"有了可乘之机。由于调频广播使用频段和信号制式都是统一的、开放的，因此只要使用相同频段、统一制式的信号发送广播信号，用户收音机只要调谐到与广播信号相同的频率上，就能收听到广播节目。这些"黑广播"就是利用了调频广播的这一特点非法向用户播送广播节目的。"黑广播"不经无线电管理机构审批，私自非法使用频率资源，通过无线电波向广大用户传送非法广播节目信号，诱骗群众上当，以获取非法收益。为了逃避打击，这些"黑广播"通常会隐藏在居民小区出租房，由电脑控制，自动循环播放非法节目。为了扩大覆盖范围，发射功率一般都很大，天线通常架设在较高的楼顶，很容易对其他无线电业务造成干扰。"黑广播"在扰乱群众生活的同时，也扰乱了正常的广播秩序，也严重侵犯了其他合法用户的用频权益。其发射的无线电信号还可能给航空、铁路通信带来巨大安全隐患。

近年来，由于利益的驱动，"黑广播"屡禁不绝。为了维护良好的用频秩序，保护合法的用频权益，各地无线电管理部门加大力度打击"黑广播"，让猖獗的"黑色幽灵"无处遁形。那么，无线电管理部门又是如何打击这个"黑色幽灵"的呢？让我们从一则案例说起。

从2016年某一天起，在河南郑州突然可以收听到频率为99.2MHz的的低俗广播。与此同时，守护着城市电磁空间的无线电监测站在日常监测值班中也注意到了这个"黑色幽灵"。经持续的监听和分析，这个信号就是未经批准的"黑广播"信号，一场与"黑广播"的较量就此开始。

要消灭这个"黑色幽灵"，就必须先找到它。无线电监测人员经过初

图6—8 查找"黑广播"

步判断,"黑广播99.2"和很多狡猾的"黑广播"一样,也是把设备架设在市中心高楼林立的高层小区。由于位置高,黑广播信号覆盖范围广。另外,由于城市地形复杂,想要找到这个"黑广播"也绝非易事。

无线电监测人员首先使用固定监测站接收"黑广播"发出的信号,通过监听广播内容捕获"黑广播"信号并锁定它所使用的频率。然后通过测向设备测量信号方向确定"黑广播"的大概方位。为了进一步确定"黑广播"的大概位置,技术人员同时动用另外一个监测站,同步对黑广播信号进行测向。两个监测站对同一个信号测向的方位线在地图上交叉,交叉点的位置就是"黑广播"的位置。由于建筑物对信号电波的遮挡、反射影响,监测站测向定位会有误差,因此定位出的位置只能表明"黑广播"是在这个位置附近的一个范围内。具体在哪栋建筑、哪个房间还需要到现场开展进一步的排查。

确定了大概位置,技术人员立刻使用监测车并携带便携式测向设备赶到定位位置附近区域进行重点摸排。监测车就相当于一个移动的监测站,并且能够根据需要不断变换位置开展监听、测向,比固定监测站更加灵活。电波传播就像声音传播,离得越近听到的声音越大。监测车离"黑广播"越近,收到的信号就越强。因此,通过监测车在不同位置对黑广播信号的大小进行测量,同时结合测向的结果,就能一步步逼近"黑广播"。最后,工作人员将"黑广播99.2"信号所在区域逼近到某小区。走进小区,工作人员立即使用便携式测向设备继续对"黑广播"信号进行逼近测试,逐楼逐层进行摸排,根据接收信号的大小判断信号是从哪里发出的。当工作人员排查到 B 座 29 层时，手中仪表啸叫声逐渐增大，表明信号越来越强，离发射机的位置越来越近了。当走近 2911 房间时，仪表发出的啸叫声更加强烈，信号已经达到了仪表显示的最大范围。工作人员基本确定这就是"黑广播"发射机隐藏的房间了。

为了进一步确认，工作人员检查了该房间的水表、电表。发现 2911 房间水表、电表有些异常，用电量很大但用水量几乎没有，表明该房间有大功率用电设备但无人常住。为进一步确认，工作人员将 2911 户电表开关关闭，

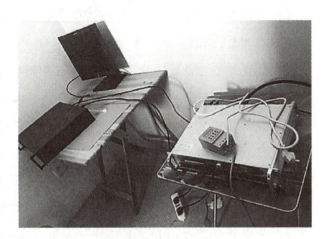

图 6—9 "黑广播"设备

"黑广播"声音随即消失，由此判断"黑广播"就在该房间。

工作人员协调公安执法人员，进入房间后，空荡荡的房间内，躺着一台银灰色无线电广播发射机，发射机上插着一个存储 U 盘，并且连接一台远程遥控手机和一根架设在窗外的白色天线。至此，这个隐藏在城市上空的"黑色幽灵"被无线电管理人员成功捕获。

链接 【调频广播】调频广播是为公众接收声音信息而进行发射的无线电业务。我国调频广播业务划分的频段为 87~108MHz，采用调频（FM）信号体制，水平极化发射，信道间隔为 100kHz，标称载频为 100kHz 的整数倍，信道宽度为 200kHz，信号占用带宽不大于 150kHz，最大频偏为 ±75kHz。通常情况下，调

频广播信号具有功率大、固定常发等特点，监测中可通过信号解调提取声音信息。

【"黑广播"电台的特点】

一是欺骗性强：(1) 占用合法广播电台频率；(2) 栏目设置与合法电台相似，有的"黑广播"仿照合法电台也设置了类似新闻、评书、实话实说等节目设置环节，但是在节目中间插播大量虚假广告。

二是影响面广：(1) 发射设备功率大，接近合法广播电台功率；(2) 发射覆盖面广，不法分子常将非法广播设备架设在商务楼和居民小区楼顶等地域制高点，发射范围可以覆盖城市的主要区域；(3) 播出时间有规律，播出时间大多利用老百姓空闲或晨练的时间，固定在晚间 8 时至次日凌晨 6 时，每天循环播放。

三是危害性大：(1) "黑广播"占用合法频率，播放虚假医药等广告，严重干扰合法广播电台的正常播出；(2) 危害居民的身体健康，"黑广播"大多架设在商务写字楼、居民小区高楼楼顶，长期大功率发射可能对附近居民健康产生不良影响；(3) 干扰民航和铁路通信安全，"黑广播"发射功率大，使用频率与民航、铁路使用的专用频率相近，极易产生干扰，目前已有多个城市出现"黑广播"导致航班无法正常起降的情况。

【固定无线电监测站】是指固定于某位置进行长期连续监测与测向的台站。通常设置在市区和具有重要战略意义的地域，是监测系统的核心组成部分。固定无线电监测站的设备和天线种类齐全、数量多、功能强、自动化程度高、监测覆盖面积大、作用距离远。固定无线电监测站既可以是有人值守的监测中心，也可以是无人值守的遥控站。

【无线电监测车】无线电监测车主要用于机动监测和测向，在应急监测中应用广泛。在某些场合，诸如使用了低功率发射机、强方向性天线，或者特定的传播条件，无法采用固定监测站进行监测时，可采用无线电监测车进行监测。无线电监测车的监测测向设备与固定监测站相似，所不同的是由于监测测向设备受搭载平台空间限制，功能性能受到一定影响，另外，在无线电监测车中增加了导航和定位系统、随车供电系统等。

【便携式测向设备】也称手持式测向设备，主要用于中、近距离的频谱监测和干扰源查找，由便携式监测接收机和手持式天线组成，具有携带方便、结构紧凑、架设使用简单的特点。适合采用步行方式对机动监测车无法到达的地域开展电磁频谱监测和干扰源查找定位。

6.5　让 MH370 的悲剧不再重演

2014 年 3 月 8 日凌晨 1 时 20 分，马来西亚航空公司吉隆坡飞往北京的 MH370 航班突然从地面雷达的屏幕上消失，并从此与地面完全失去联系。焦急万分的乘客家属在北京首都机场苦苦等待数日，全世界都在祈祷 MH370 能够安全回家。但是，奇迹并没有发生，MH370 还是悄无声息地消失在了广袤的大海上。事故发生以后，由马来西亚、中国、越南、新加坡等多国组成的联合搜救队立即在相关海域开展搜救行动。但是，面对无垠的大海，由于并不掌握飞机在海上消失的具体位置信息，只能在可能的相关海域做大范围搜索。几个月过去，仍是一无所获，最终马来西亚不得不根据飞机在失联前的情况进行推断，作出"航班终结于南印度洋"的结论。就这样，一架载有 239 人的大型客机神秘地消失在浩瀚无垠的大洋中……

人们不禁要问，在科技如此发达的今天，为何一架大型客机就这样轻而易举地消失在人们的视线中呢？

事实上，为了保证航班安全，飞机离开地面以后并不是完全脱离了我们的"视线"。分布在地面的航班监控系统通过接收飞机发出的无线电波在定期地监视飞机的情况。目前，几乎所有民航飞机都已加装了广播式自动相关监视系统（简称"ADS-B 系统"）。该系统通过无线电波周期性地自动向外发布飞机的位置、高度、速度等信息。地面的监控站正是通过接收这些信息来掌握飞机状态的。然而接收该信息的监控站主要是分布在陆地人口相对密集的地区，对于海洋、沙漠、极地等不便部署地面站的区域，则会形成监控盲区。MH370 就是这种情况，由于航线下方大多是海洋，因此很多地方成为航班监控的盲区，MH370 消失的确切位置我们并不掌握。

那么，怎样才能实现对飞行航班的实时监控呢？从技术上讲，实时监控航班的飞行轨迹并没有太大的困难。虽然受客观条件限制，地面监控设施存在盲区，但我们还有另外可以利用的手段——卫星。如果能在卫星上加装 ADS-B 接收机，就可以利用卫星系统全球覆盖的优势，实现对所有飞行航班实时监控的无缝覆盖。

但实际上，让卫星接收飞机发出的信号并不是无条件的。首要的就是要在国际无线电规则中获得相应的频率划分。因为任何无线电信号的收发都需要使用频率，而频率的使用并不是随意的，必须遵循国际电联（ITU）制定的无线电规则和各国无线电管理部门制定的相应规范，否则各种电波在空中无序发射，彼此相互干扰，谁也无法正常工作。就像飞机在空中的航路一样，飞机从一地飞往另一地会有不同的高度、路线限制，从而确保在空中飞行的众多飞机各走各路，不会发生碰撞等事故。

一架新的飞机要执行飞行任务，必须先获得飞行航路。一项新的无线电业务应用，也必须先获得频率划分，确保按照既定的规则使用频谱，避免发生相互干扰。

卫星接收 ADS-B 信号也是如此。在 ADS-B 工作的频段中，已经有多种航空无线电导航系统在工作。在该频段再增加一个新的系统，会不会造成两系统间相互干扰？会不会因为引入一个新系统而限制已有系统的正常工作？……这些问题都需要研究并且建立相应的规则，才能确保卫星接收 ADS-B 信号的同时，现有的航空无线电导航系统也能正常工作，不受影响。

为此，2014 年 10 月召开的国际电联全权代表大会通过紧急决议：在第二年即将召开的 2015 年世界无线电通信大会（WRC-15）上，临时增加一项议程，专门讨论全球航班跟踪系统的用频问题，同时要求国际电联无线电通信部门（ITU-R）开展相应技术研究工作。

2015 年 11 月 2 日，为期四周的 WRC-15 大会如期召开。会议第一周，全球航班跟踪议题就成为大会的焦点议题。经过各国多轮密集磋商，2015 年 11 月 11 日，国际电联秘书长赵厚麟先生宣布：本届大会以破纪录的速度，成功为全球航班跟踪系统增加了频率划分。从此，对世界各地航班的飞行状态实时无缝监控成为现实，MH370 失联的悲剧将不再重演。

链接

【ADS-B 系统】即广播式自动相关监视系统，是自动相关监视（ADS）技术的一种，是在 ADS、TCAS（空中防撞系统）和场面监视的基础上，综合三者的特点提出的一种监视技术。ADS-B 作为未来主要的航空监视手段之一，已成为国际民航组织（ICAO）新航行系统方案中的一个重要组成部分。ADS-B

以地空/空空数据链为通信手段，以导航系统及其他机载设备产生的信息为数据源，通过对外发送自身的状态参数，并接收其他飞机的广播信息，达到飞机间的相互感知，进而实现对周边空域交通状况全面、详细的了解。

ADS-B具有的特性可体现为A（Automatic）、D（Dependent）、B（Broadcasting）。A表明飞机各项信息的对外广播是由相关设备自动完成，不需要飞行人员的介入；D表示实现飞机之间以及地面空管机构对空域状况的感知，需要所有飞机均参与到各自信息的广播中，同时所发送的信息均依靠于机载设备所提供的数据；B表明飞机所发送信息不仅仅是点对点地传送到空管监视部门，还要对外广播，使所有通信空域内的单位均能收到。

ADS-B的应用主要包括三个方面：①空—空监视：改善飞机避撞能力，提供驾驶舱交通信息显示。②地—空监视：航路、终端区、精密跑道监控。③地—地监视：即场面监视，包括跑道、滑行道，防止地面相撞。

6.6 最后一根救命稻草

说起"泰坦尼克"号，我们首先想到的是那个凄美动人的爱情故事电影。那起海难最终导致了1500多人丧生的悲剧，成为世界航海史上永远难以忘怀的痛。回顾那场悲剧，我们不禁会想，航行在茫茫大海上的轮船遇到危险的时候，有没有办法发出求救信号呢？能不能保证临近的过往船舶和陆地上的救援组织及时收到求救信号呢？这时，你一定会想起"SOS"。没错，答案是肯定的，无线电通信和无线电管理让这成为可

图 6—10　"泰坦尼克"号

能，"SOS"的横空出世让茫茫大海上的船只有了最后一根救命稻草。今天，"SOS"已经成为一个家喻户晓、妇孺皆知的代号。就让我们从这起海难来了解一下"SOS"的前世今生。

1912 年 4 月，当时世界上最大的豪华邮轮"泰坦尼克"号首次出航，载着 1316 名乘客和 891 名船员从英国南安普敦驶往美国纽约。4 月 14 日夜间 11 时 40 分，"泰坦尼克"号在北大西洋撞上冰山；4 月 15 日凌晨 2 时 20 分，船体断成两截后沉入洋底，数以千计的鲜活生命消逝在冰冷的大海之中。

在"泰坦尼克"号沉没之前，船长命令电报员发出了"SOS"遇险求救信号。令人遗憾的是，离"泰坦尼克"号最近的"加利福尼亚"号轮船因电报员关闭了电报机而未能及时收到求救信号，而在所有能收到电报的船只中离"泰坦尼克"号最近的"卡帕西亚"号赶到出事现场时已是 3 时 30 分。此时，"泰坦尼克"号已沉没了一个多小时。逃到救生艇上的人员被"卡帕西亚"号救上了船，共 705 人幸免于难。这次灾难震惊了世界，而"SOS"遇险求救信号在这次海难中发挥的作用也被举世公认。

其实，早在 1906 年之前，英国马可尼无线电公司就使用莫尔斯电码"CQD"作为船舶遇险求救信号。当时"CQD"信号只是在安装有马可尼无线电公司无线电设备的船舶上使用，不是国际统一的遇险求救信号。此外"CQD"信号在嘈杂的电磁环境中容易混淆。因此，1906 年的第一届国际无线电电报大会决定要用一种更清楚、更准确的信号来代替"CQD"。

会上，美国代表提出用国际两旗信号简语的缩写"NC"作为遇难信号，这个方案未被采纳。德国代表建议用"SOE"作为遇难信号。讨论中，有人指出这一信号有一重大缺点：字母"E"在莫尔斯电码中是一个点，即整个信号"SOE"是"···———·"，在远距离拍发和接收时很容易被误解，甚至完全不能理解。虽然这一方案仍未获通过，但它却为与会者开阔了思路。接着，有人提出再用一个"S"来代替"SOE"中的"E"，即成为"SOS"。在莫尔斯电码中，"SOS"是"···———···"，它简短、准确、连续而有节奏，易于拍发和阅读，也很易懂。另外，"SOS"这三个字母无论是从上面看还是倒过来看都是 SOS，当遭遇海难，需要在孤岛上摆上大大的"SOS"等待救援的时候，头顶上路过的飞机无论从哪个方向飞来都能立刻辨认出来。

1908 年，国际无线电报联盟正式将"SOS"确立为国际统一的莫尔斯电码遇险求救信号。1909 年 8 月，美国轮船"阿拉普豪伊"号由于尾轴破裂，无法航行，就向邻近海岸和过往船只拍发了"SOS"信号。这是世界上第一次使用这个信号。1912 年 4 月，"泰坦尼克"号沉船事件之后，"SOS"遇险求救信号得到全世界的广泛使用。

随着现代无线电通信技术的发展，人工拍发的莫尔斯电码应用越来越少。1999 年 2 月 1 日，国际海事组织正式启用"全球海上遇险与安全系统"（GMDSS），这也标志着"SOS"遇险求救信号完成了其历史使命。GMDSS 是由卫星系统、地面系统和海上系统组成的覆盖全球任何位置的搜救系统。船只遇险时能够自动激活报警，经卫星转发到全球搜救网络，根据其位置通知就近的搜救部门。GMDSS 涵盖海上、航空、载人航天等各种遇险情况，有紧急呼救、搜寻救援、航行告警、应急示位等多种功能。国际电联《无线电规则》规定了 GMDSS 使用的各个频率、信号格式、操作程序、值守要求。

为保护全球遇险救援信号在紧急情况下能畅通无阻，国际电联以及各国无线电管理部门都制定了保护全球遇险救援频率的规定：非紧急情况下不得使用遇险救援频率进行正常的通信，不得对遇险救援频率造成干扰等。保护全球遇险救援频率，既是对别人的保护，也是关键时刻对自己的保护，体现的是人类的共同价值观：尊重生命！

链接

【国际无线电话音呼救信号】"SOS"是国际无线电报遇险求救信号。国际无线电话音呼救信号则是英文"MAYDAY"。从字面上看，"MAYDAY"的英文含义是五月的第一天，但其实两者完全没有关系。英文"MAYDAY"来源于法语"m'aider"（帮我）。

使用"MAYDAY"作求救信号最初源自 1923 年英国伦敦机场的一名无线电通信员。当时机场要求他提出一个简单易懂的字，供所有机师和地勤人员遇到紧急情况时呼救使用。因为航班多数往来巴黎，由此取自法语求救语"m'aider"。用英文说"MAYDAY"与用法语说"m'aider"发音相同，英国人、法国人都听得懂。

根据国际电联《无线电规则》，通过无线电话发出"MAYDAY"求救信号必须连续呼叫三次。航空呼救使用 121.5MHz，海上呼救使用 2182kHz 和 156.8MHz。

6.7 光平方与 GPS 频率之争

随着社会的发展和技术的进步，我们可以尽情畅想现代生活的便利：一台车、一部手机不但能带你畅游城市和乡间，还能带你到荒无人烟的沙漠去探险，抑或到人迹罕至的丛林去寻宝。手机使你随时随地与家人保持联系，车载卫星导航随时随地为你指引道路……

这个小目标能实现吗？让我们回到现实来看一看。目前，虽然卫星导航已经实现了全球覆盖，但移动通信还远远不能为你提供全球无缝的覆盖服务。今天，虽然我们身处城市的每一个人都切身感受到了移动通信网络带给我们的无限便利，但在偏远的乡村、山区、人迹罕至的沙漠荒原，由于受到恶劣自然条件的限制和铺设地面网络投入成本的影响，便利的移动通信网络还没有完全覆盖到这些地区。因此，实现这个小目标，还需要移动通信网络的全球覆盖。

当前，随着人类活动范围的不断扩大和全球经济一体化发展需求的增长，在全球范围内实现"无缝通信"已经成为未来移动通信的发展方向。因此，如何便利、低成本地实现对偏远地区的网络覆盖成为移动通信发展的一个重要课题。我们知道，移动通信网络覆盖范围的扩展，靠的是增加基站。卫星作为全球最高的"基站"，其广阔的覆盖面积对解决偏远地区的通信问题具有自身独特的优势。将卫星系统的"系统覆盖面大"和地面移动通信"通信质量高"的优点相结合，形成天地一体的移动通信系统，成为很多卫星运营商的下一个发展目标。

美国光平方（Light Squared）移动宽带通信公司（以下简称"光平方公司"）就是构建天地一体化移动通信网络的先行者之一。为了支持这一计划，美国联邦通信委员会（FCC）授权光平方公司使用 L 频段。然而在 2012 年 5 月 14 日，光平方公司却正式申请破产保护。究竟是什么原因导致这个曾经备受业界瞩目的公司走向失败的呢？原来，光平方的移动通信网络严重干扰了 GPS 卫星导航网络，导致卫星导航的瘫痪。那么，既然光平方公司使用的 L 频段是经过 FCC 授权的，并且与 GPS 并不是同样的频率，为什么还会干扰 GPS 呢？让我们来看看背后的故事。

光平方公司地面基站的下行信号拟在紧邻 GPS 系统 L1 频段的频带内传输，但信号占用的频带可能会超出基站使用的频带范围，产生带外辐射。并且这些带外辐射会进入 GPS L1 频带，导致光平方基站对 GPS 形成邻频干扰。这就好比在相邻的两个车道上行驶的汽车，一个车道行驶着拉渣土的卡车，行驶中渣土泄露飞洒到相邻车道，会影响相邻车道上车辆的行驶。当这个影响足够大的时候，可能会导致相邻车道的车辆无法正常行驶，从而形成了有害干扰。GPS 卫星从太空传回地球的信号使用的就是 L1 频带，并且信号极其微弱，相当于一个 25 瓦的灯泡照到 20112.5 公里以外的强度一样。为了获得理想的定位精度，目前许多高精度的 GPS 接收机都采用了带宽更宽的滤波器，以获得更多的定位信号辅助。因此，"光平方"地面基站的带外辐射信号很容易和 GPS 信号一起进入到 GPS 接收机，从而对 GPS 造成干扰。由于 GPS 信号极其微弱，进入 GPS 接收机的干扰强度比 GPS 信号的强度大得多，极易造成导航系统的瘫痪。

起初，由于光平方公司"天地一体化"网络规模不大、用户不多，对 GPS 的干扰问题还不是很突出，没有引起各方足够的重视。而随着光平方单模用户数量增加，对 GPS 系统的干扰问题日渐突出，从而引发了相关各界的强烈反对。2011 年 1 月 26 日，美国 GPS 产业委员会(USGIC)首先向 FCC 提出抗议；2011 年 3 月，美国航空、农业、运输、建筑、测绘等产业及 GPS 设备制造和服务提供商共同成立了"拯救 GPS 联盟"，要求美国政府机构甚至国会介入，向光平方公司和 FCC 施加压力。由此，光平方公司与 GPS 业界关于"光平方"地面基站是否会对 GPS 系统造成干扰的问题展开了一场空前的测试与辩论。

光平方公司与美国 GPS 产业委员会共同组建联合技术工作组，于 2011 年 3 月到 6 月对干扰问题进行测试。5 月 11 日，美国空军全球定位系统办公室收到测试结果报告，明确指出"确认光平方公司网络对 GPS 系统信号造成干扰，将对全国范围内的 911 报警系统和公共安全造成威胁"。据新墨西哥州警方报告，当警车直接停在信号塔下方时，车载 GPS 设备便出现"系统故障"，当驾车在测试地点附近行驶时，其车载 GPS 设备"在测试过程中均不能正常工作"。而参与测试的救护车则在距离光平方公司信号塔 60 码（约 54.86 m）以内区域均无法与 GPS 卫星建立连接。

联合技术组于 2011 年 6 月 30 日向 FCC 提交了工作组最终报告。测试结果显示，光平方公司提出的频率使用方案几乎对所有接受测试的 GPS 接收机和设备均造成严重干扰。针对测试结果，光平方公司提交了另一份独立的建议书，给出解决方案，即暂停使用紧邻 GPS 频带的 10MHz 带宽，先采用距离 GPS 频段相对较远的 10MHz 带宽。然而根据美国国家天基定位、导航和授时（PNT）系统工程论坛 2011 年 11 月在墨西哥白沙导弹靶场的最新测试报告显示，即使按照"光平方"的解决方案，仍然会对 GPS 产生严重干扰。此次测试中，在距"光平方"地面

图 6—11 "光平方"与 GPS 的频率之争

基站 100 米处，参加测试的 92 台 GPS 接收机中有 69 台都受到了"光平方"地面基站广播信号的干扰而无法工作，这意味着即使采用 23MHz 频率间隔，在基站周围 100 米处仍有大约 75% 的 GPS 接收机遭受到严重干扰。

2012 年 2 月 14 日，美国国家通信与信息管理局正式向联邦通信委员会提交公函，就干扰问题作出结论：经过几个月的测试分析和独立评估认为，光平方公司的移动宽带网络将影响 GPS 服务，且目前没有现实的方法消除潜在干扰。虽然未来 GPS 设备开发商可以利用新技术解决干扰，但考虑到联邦政府，商业和私人用户更新技术耗费的时间和费用，不支持光平方公司按计划部署地面服务。作为对干扰调查结论的回应，联邦通信委员会当天便表示计划无限期中止光平方公司地面网络服务授权。于是，"光平方"与 GPS 的频率之争终以"光平方"一方告负而暂告一段落，也意味着光平方公司前期数十亿美元的系统建设投资将严重受损，美国政府期待光平方公司网络为美国创造 1200 亿美元经济收益的设想也将无限期延后。

链接　【邻频干扰】是指位于相邻或者相近频带（信道）上的信号之间的相互干扰，又称邻道干扰。为了充分利用频谱资源，常把信道之间的频率间隔设计得较小，而通常调频信号中包含无穷多个边频分量，当其中某些边频分量落入相邻频段接收机的通带内，就产生了邻频干扰。在实际系统使用中，邻频干扰主要来自所使用信号频率的相邻频率的信号，由于接收滤波器性能不理想，使得相邻频率的信号泄露到了传输通带内而造成干扰。

【载干比】又称载波干扰保护比，通常表示为 C/I，C 表示信号载波功率，I 表示干扰功率）当 I 表示落入接收机通带内的相邻频带信号功率时，称为邻频干扰保护比。当邻频干扰保护比低于某个特定值时，会直接影响本信道的通话质量，例如在 GSM 规范中，一般要求 C/I<-9dB，工程中一般加 3dB 余量，即要求 C/I<-6dB。在工程应用过程中，一般通过在无线电频率之间设置一定的间隔，可以有效防止邻频干扰。

6.8 揪出攻击鑫诺卫星的"黑手"

浩瀚太空，星光灿烂。在点点繁星中，有一颗位于东经 110.5 度赤道上空，拥有 38 个转发器的大通信容量，每天向我国广大农村和边远山区提供多套高质量卫星广播电视节目的卫星，它就是鑫诺卫星。

2002 年 6 月 23 日 19 时，鑫诺卫星将中央电视台新闻联播节目的信号按时传向全国各地的"村村通"电视用户。此时，在中广影视卫星公司卫星节目控制中心，值班员申红和往常一样，认真地观察着对面电视墙上的屏幕，监视着由鑫诺卫星传送的中央电视台"村村通"电视信号播出质量。"黑屏！"19 时 0 分 7 秒，申红突然惊叫起来：电视监视墙上的中央电视台 9 套节目出现"黑屏"。

与此同时，航天科技集团云岗地球站也监测到了异常。云岗地球站的任务之一就是通过鑫诺卫星 2A、3A 转发器转播中央电视台"村村通"节目以及其他 10 个省台卫星节目。值班员发现鑫诺卫星 2A 转发器受到不明信号干扰，监视器上出现"黑屏"。监测发现，这是鑫诺卫星 2A 转发器上中央电视台 9 套节目受到了奇怪的不明信号干扰，且非法干扰信号与中央电视台正常信号频谱特征十分相近。

19 时 8 分 40 秒，屏幕上出现"法轮功"邪教组织的反动画面，持续 5 秒；19 时 9 分 26 秒，在红色的背景下，屏幕上又忽忽悠悠地出现了几个狰狞的"法轮功"字眼，持续了 27 秒；19 时 32 分，干扰信号消失，鑫诺卫星 2A 转发器所有节目恢复正常播出。

在此之后，"法轮功"邪教组织变本加厉，又分别于 2002 年 6 月、9 月、11 月以及 2003 年 10 月先后多次发射非法信号攻击我鑫诺卫星 2A、3A 和 6A 等转发器，严重影响中央电视台、部分地方电视台和中国教育电视台节目的正常收听收看。

为了维护空中电波的正常秩序，国家组织数十名无线电监测专家，对鑫诺卫星 2A、3A 和 6A 转发器的无线电信号进行监测，对捕捉到的不明干扰信号进行识别和分析，发现干扰信号是与正常信号同频率的大功率宽带电视信号。经分析，确认为"法轮功"邪教组织所发射的恶意干扰信号；与此同时，通过"双星"定位等多种技术手段定位干扰源位置，最后确定干扰源位于我国台湾省台北市地区，位置为东经 121 度 30 分 33 秒，北纬 24 度 51 分 4 秒周围。

"法轮功"分子为什么能利用我们的卫星插播他们的非法反动宣传节目呢？这是由我国广播电视卫星采用大波束天线以及星上透明转发器的现状所导致。正常情况下，电视台播出的节目信号经卫星地面发射站形成上行信号，以电磁波的形式发送至广播卫星，广播卫星收到的信号经透明转发器仅仅进行放大和变频处理，形成下行信号，并以电磁波形式转发给地面电视用户。地面电视用户使用卫星天线接收卫星下行信号，并对信号经放大、变频处理，形成电视机能够解调的信号并传输至用户电视机，由电视机播放节目信号。因此，只要地面用户的天线对准广播卫星，将卫星转发下来的信号接收进来，就可以收看到电视节目了。正是由于转发器的"透明"性质，当"法轮功"恶意插播卫星广播电视信号的频率、调制与正常节目信号参数一致时，其插播信号也可以通过卫星转发而被地面用户所接收。一旦插播信号功率能够压制正常卫星电视信号就会出现干扰现象，如图像、声音不清晰，画面马赛克等，严重的出现黑屏、静屏等现象。当恶意插播的信号比正常节目信号足够大时，正常节目信号就被压制，电视机就会解调出恶意插播的节目。

电视广播的覆盖面广、影响力大。为了杜绝非法干扰节目盗用卫星转发器资源，可以采取一定的技术措施加以防范。一是利用点波束限制上行接收。卫星上行链路采用方向性强的点波束，仅覆盖指定服务区，这样境外任何非法上行信号不可能被卫星接收，就控制好了卫星广播信号的"源头"。二是采取编码和加密技术。就是对正常广播信号进行加密处理，即使干扰信号远大于正常信号，但由于不能正确解码，而无法出现非法图像，仅会出现"黑屏"等干扰现象。

无论不法分子如何狡猾，也无论浩瀚的太空如何广阔，我们的电波卫士都在一刻不停地紧盯着卫星上的每一个信号，机警地守护着我们的电磁空间，时刻准备着揪出胆敢扰乱我卫星电视的幕后"黑手"。

链接

【卫星广播】是利用广播卫星向地面转播电视或声音广播信号，供一般公众直接接收的广播方式。卫星广播系统由广播卫星、地面接收网、上行站和测控站组成，具有覆盖面积大、广播质量高、投资和维护费用低等特点。

【卫星转发器】卫星转发器的任务是把卫星接收的上行信号进行放大，并利用变频器变换为下行频率，再通过下行链路发射出去。

【卫星干扰】一般分为无意干扰和有意干扰两种情况。

无意干扰是由于卫星无线电频率资源没有协调好而造成的，通过查找在国际电联或地区申报的卫星频率记录可以发现频率使用上的冲突，这时一般靠国际电联或地区无线电委员会进行干扰方和被干扰方的协调来解决，协调时要出具频率冲突和合法频率使用的相关文件。若协调时能确定干扰源准确位置，则证据充分，便于解决问题。

　　有意干扰是出于政治或商业目的而进行的故意干扰，这种情况下，第一重要的是对干扰源进行准确定位，若是国际间干扰问题，利用所掌握的干扰源定位证据等相关资料，通过国际电联来协调和解决干扰问题，必要时也可以通过国际法律解决问题；若干扰源出现在国内，利用干扰源位置范围，一般再通过地方政府的协助，几个小时内就可以确定肇事者。

　　【双星定位系统】是通过测量和计算获得干扰源信号分别到达两颗相邻卫星的时间差（Time Difference of Arrival，TDOA）和频率差（Frequency Difference of Arrival，FDOA）来定位干扰源所在区域的一种技术手段。

　　如图 6—12 所示，当太空中的卫星受到地面信号干扰时，定位系统通过两套信号接收和处理装置，分别接收干扰源通过受干扰星

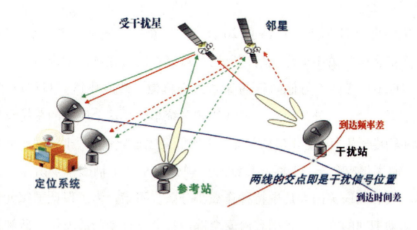

图 6—12　双星定位原理图

和邻星转发的信号（图中红色实线和红色虚线），提取由于两路信号传输路径和径向速度不同而形成的 TDOA 和 FDOA，再经数据处理解算出干扰源位置区域。需要说明的是，邻星的选择是实现双星定位的关键，它需要与受干扰星具有相同的工作频率和极化方式，且角距适宜（一般小于 8°）。参考站用来校准定位系统测量误差，通常情况利用现有的卫星地球站。

目前，常见的双星定位系统主要有美国 INTERFEROMETRICS 公司的 TLS2000 型干扰定位系统、英国 MARLIN 国际通信有限公司和 DERA 联合生产的多卫星地面定位系统。通常情况下，双星定位系统可以在 15 至 30 分钟内捕获干扰信号，并在 1 小时左右将干扰源定位在半轴长约几十公里的椭圆范围内。

6.9 为 G20 峰会保驾护航

2016 年 9 月 3 日下午 14 点 20 分，美国总统专机——"空军一号"徐徐降落在杭州萧山国际机场。奥巴马总统将出席在杭州举行的二十国集团（G20）峰会。与他同行的除了白宫幕僚、政府要员、写作班子、随访记者、企业家外，还有先期抵达的总统车队。这个庞大的总统车队包括 4 辆电子干扰车、1 辆防暴车、1 辆低空短程导弹车、1 辆卫星通信车、2 辆生化应急车、1 辆低热红外诱弹弹射车和 1 辆磁暴发射车。这阵势，真有点像美国大片中特种作战小分队。不错，为了保证国家元首出访活动期间的安全，各国政府安全部门都会安排专门的安保团队和装备随行，确保在各种安全威胁和突发情况下能够保护元首安全，同时能够保障元首在远离本国国土的环境中了解和掌控局势信息，并顺畅指挥调度各种应对行动。为达到这一目的，安保行动将高度依赖无线电频谱，安保装备中运用了大量先进的无线电设备。据统计，奥巴马此行携带了102台（套）无线电设备，使用频率涉及甚高频、高频、超高频及微波频段。

G20峰会是近年来我国主办的最高层次国际会议，25国元首和7个国际组织领导出席此次会议，并参加有关活动。在如此高规格的国际活动中，不但各国政要安保团队大量使用无线电频谱，作为活动主办方和东道国的我国，为了确保活动安全和组织协调顺畅，也会动用大量的安保力量和指挥调度、电视转播、预警探测等无线电设备。各国众多的无线电设备如此集中的使用，用频秩序的科学管控面临着巨大压力。因此，峰会无线电安保工作是整个安保工作的重要内容。

就此次峰会电磁频谱保障而言，保障级别高、用频业务多、用频需求大是最为突出的特点。在杭州主会场、文艺演出和元首驻地等主要区域内，共部署军民用无线电台站2万余个，安保部队入杭装备1000余套、地方安保力量临时部署用频设备数千套。概括起来，具有"三重两难"的特点：即外国元首用频协调任务重、峰会区域台站清查任务重、安保部队装备检测任务重，文艺演出现场用频秩序管控难、"低慢小"干扰装备用频秩序管控难。

为此，国家和军队无线电管理力量组成安保行动联合指挥部，按照"统一筹划、分级负责、军地联合、集中管控"的原则，以及"元首警卫、安保行动、文艺演出用频优先"的策略，开展G20

图6—13 总统车队

图6—14　G20峰会

峰会电磁频谱管控保障任务。

　　根据我国涉外无线电管理的有关规定，外国组织和人员携带无线电设备进入中国境内，必须经过国家无线电管理部门审批后方可使用。针对美方提出的入境设备频率使用申请，峰会安保行动联合指挥部高度重视，指派专人对美方拟使用的频率进行审核。依据国际电联相关要求和国家、军队有关无线电管理法规，全面分析美方无线电设备电磁频谱参数对我国和军队重要用频设备的干扰风险。经过双方分析论证，我方审核人员驳回了美方超出合理限度的用频申请，提出了美方入境设备的频率使用方案，确保了美方无线电设备的正常运

图6—15　频率审核

转。峰会前，我方审核
完成 20 余个国家、近
千台(套)无线电设备。

图6—16 查处违规用频

为确保峰会期间
无线电用频秩序，军地
联合开展了电磁环境
普查，摸清频谱资源
底数，针对违规用频，
及时进行查处。9月4
日下午，环西湖某部队遂行安保任务时，突然听到对讲机内不时地夹杂
着地方人员的话音，严重干扰了安保部队的通信指挥。如果此情况持续，
将直接影响到部队安保任务的完成。军地无线电管理人员立即采取措施，
利用无线电监测车追踪、定位异常信号。不到两个小时，终于查明该信
号来自西湖附近某宾馆物业使用的对讲系统。由于所属人员未按照规定
使用对讲频率，导致与安保部队使用的对讲频率重叠，引发了这起无线
电干扰。

经过几个月的不懈努力，9月5日，G20峰会圆满落下帷幕。此次无
线电安保突出做好了元首用频、内部保障单位之间用频冲突协调、印象
西湖演出现场电磁环境保障等各项工作，圆满实现了把重点频率保障好、
把各方需求协调好、把峰会区域电波秩序维护好的目标。

链接

【"低慢小"目标】是指具有低空、超低空飞行，飞行
速度较慢，不易被雷达发现等全部或部分特征的小型航空
器或漂浮物。如中小型直升机、无人机、航空模型、空飘气球等。

【涉外无线电管理】主权国家的无线电管理机构及有关部门与有

关的国际组织或国家、地区就无线电管理问题进行的交涉活动，是主权国家外交和外事工作的一部分。其目的是维护本国使用无线电频谱和卫星轨道的合法权益。

国家涉外无线电管理工作主要有：①审批外国驻中国使领馆、外国组织和人员申请携带无线电设备进入中国境内以及在中国境内设置使用无线电台；②审批国家任何单位和个人设置跨国境通信或服务的任何电台；③审批外国组织或人员在中国境内测试电波参数；④与国际组织、其他国家或地区协调无线电频率划分、分配、指配方面的事宜；⑤按照国际无线电规则的规定，向国际电信联盟通知、协调和登记国家使用的无线电频率和卫星轨道位置，报送无线电台的相关资料；⑥统一处理境内电台与境外电台相互干扰和违章事宜；⑦组织或参加国际电信联盟和其他国际组织与无线电管理相关的会议和活动；⑧组织或参加双边或多边无线电管理的技术业务交流活动，签订双边或多边协议。

6.10　想说爱你并不容易

无线路由器，相信大家对这个名称一定不会陌生。在我们的日常生活和工作中，它能够给手机、平板电脑、电视盒等设备提供 Wi-Fi 信号，成了大家上网的必备品。为了提高 Wi-Fi 信号的覆盖范围，很多路由器在宣传其性能时，都会标明"穿墙"二字。殊不知，对结构复杂的楼房而言，无线路由器所谓的"穿墙"也只是一个噱头。再高端的无线路由器，当遇到多堵墙体时，Wi-Fi 信号都会出现衰减，影响覆盖范围。那么问题来了，要想实现网络的无缝覆盖，该使用什么样的网络设备呢？

近年来，一种被称为电力线通信的技术正悄然兴起。它以现有的电力线路作为载体，把话音或数据加载于电流中进行传输。接收端通过信息适配器把各类信息从电流中分离出来，并传送到各类终端以实现信息传递。

该技术最大的优势是不需要重新布线，在现有电力线上实现数据语音和视频等多业务的承载，终端用户只需要插上电源插头就可以实现互联网接入、电视频道接收节目、打电话或者是可视电话，实现四网合一。与目前的上网方式相比，电力线通信可有效消除家庭的网络盲区，还能实现基于智能家居功能的家电联网。如图6—17所示就是一种电力线上网的设备——"电力猫"。

电力线通信的应用，初期只是承载一些电力控制信号，例如自动抄表和数据上传等。随着各国智能电网的发展，电力线通信技术发展越

图6—17　"电力猫"

来越成熟，可承载的内容越来越丰富，已经成为人们接入互联网的一种新模式。电力线通信可分为两种：一是接入式的电力线通信。通过变电站与用户之间的电力线，解决宽带互联网络入户"最后一公里"的问题，适用于居民小区、学校、酒店、写字楼等场所。二是室内电力线通信。将接入电力线设备上的信号分配到建筑物内的电力插座上，实现房屋内的电脑、电话、电视、音响、冰箱等家电的互联互通，进而通过宽带互联网络进行远程的集中管理和控制。

随着电力线通信技术的广泛应用，你可以想象在不远的将来会出现

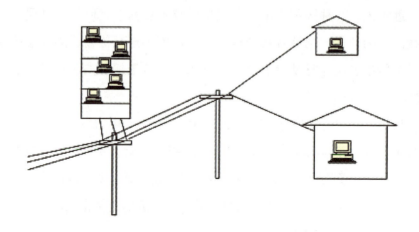

图 6—18 "最后一公里"应用场景

这样的场景：当你注册一个空调服务后，服务中心就通过电力线给你家空调发信号，实现家庭温度的控制。还有微波炉的远程遥控烹饪，洗衣机的智能洗衣等等，也都可以借助电力网络进行管理。

说了这么多，想必各位读者一定在畅想电力线通信改变生活的美好远景了吧？其实早在 20 世纪人类就已经开始研究电力线通信。可能有人会问，推广优势这么明显、应用前景这么广阔，为什么 20 年后才开始登陆市场呢？为什么普及速度如此之慢呢？正所谓"成也萧何败也萧何"，关键问题就出在了电力线本身。原因有二：第一个原因是电力线作为一种传输电力的介质，具有复杂的噪声特性，信息传输稳定性差，而且所接入电气设备的不确定性也导致阻抗不匹配，因而功耗很大，与现在的光纤网络相比，在接入速度、传输稳定性、功率消耗上都不占优势。第二个原因就和电磁环境息息相关了。电力线通信载波频率范围通常是 2~30MHz，这正好是短波通信的频段，然而电力线网络没有屏蔽层，电力线通信的同时也辐射大量的电磁波，几米到几十米长的电力线还与短波波长匹配，这简直成为良好的短波天线，会把 2~30MHz 的短波信号向空中辐射。特别是在密集使用时，将会对区域内同频段的合法用户造成严重影响。

截至目前，世界各国一直不能很好地解决电力线通信对电磁环境污染的问题。多个国家和组织研究表明，电力线通信将对短波、超短波频段导航、探测、射电天文、移动、固定等业务甚至其他工科医设备造成不同程度的电磁干扰影响，这种影响将给无线电设备带来弥漫式电磁干扰，造成电磁环境恶化，危害短波频谱资源的有序使用。

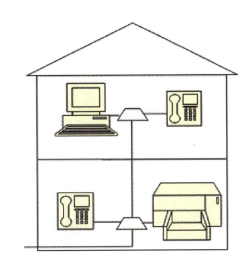

图6—19　室内应用场景

　　在人类社会文明发展的进程中，任何一项新技术的出现和应用都需要一个过程。电力线通信，作为一项新兴的技术，在给人们上网和生活方式带来变革的同时，也对正常的电磁环境构成了威胁。如何掌控好这把"双刃剑"，还需要我们不断深化这项技术的研究，构建科学的标准和规范。目前看，电力线通信，想说爱你，也许并不容易。

链接

　　【电力线通信】全称电力线载波通信，是指利用高压电力线、中压电力线或低压配电线作为信息传输媒介进行语音或数据传输的一种特殊的通信方式。

　　【Wi-Fi】英文意思是无线相容性认证，是一种允许电子设备连接到一个无线局域网的技术，目的是改善无线网络产品之间的互通性，通常使用2.4GHz或者5GHz频段，是当今使用最广的一种无线网络传输技术。

第七章
路在脚下延伸

从横跨大西洋的第一个无线电报试验，到今天人们生活中无处不在的互联网世界，再到人类飞出地球探索宇宙的伟大壮举，电磁频谱这只"魔幻之手"越来越让我们感受到它的奇妙和魅力。随着全球新一轮科技革命的到来，无线电新技术、新业务不断涌现，无线电技术和业务广泛地渗透和应用于军事、经济和社会的各个层面，发挥着独特而不可替代的作用，成为国防、经济和社会发展的重要驱动力。

7.1 频谱战：异度空间打响的枪声

"一切都可以追溯到童年"，这是著名奥地利心理学家西格蒙德·弗洛伊德在其著作《梦的解析》中的一个重要观点。所以在本篇开始前，我们先来看看电磁频谱的"童年"壮举。

二战期间，英国凭借使用短波频段的"本土链"雷达赢得了 20 分钟宝贵的空袭预警时间，以约 900 架战机击溃了德国 2600 架战机的疯狂进攻。

1967 年，美军"福莱斯特"航母在执行某次军事任务时，舰载 F-4"鬼怪"式战机受该舰雷达波束照射干扰,飞机悬挂的空地火箭弹被意外点火发射,击中舰上 1 架 A-4"天鹰"攻击机的副油箱,导致一系列连锁爆炸,造成重大伤亡。

1980 年 4 月,美派联合特遣部队和当地别动队共同执行营救驻伊大使馆人质任务。在其撤离途中,由于和别动队的通信设备(调频电台)互不兼容,用频协同失误,造成 1 架直升机与运输机相撞,8 名突击队员被烧死,4 人严重烧伤、损失 2 亿美元,对卡特政府打击沉重。

1982 年 5 月 4 日,英阿马岛之战,号称英海战利器和舰队骄傲象征的"谢菲尔德"号巡洋舰因卫星通信和雷达系统互不兼容,只能轮流开机工作,结果被阿根廷"超级军旗"飞机发射的"飞鱼"式导弹击沉。

1982 年 6 月 9 日,第五次中东战争,以色列利用事先截获的叙利亚军队雷达和"萨姆"导弹发射的频谱参数,仅用 6 分钟就将其驻守在贝卡谷地的耗资 20 亿美元的 19 个"萨姆"防空导弹阵地彻底摧毁。在其后两天的空战中,以色列战斗机配合预警机和电子干扰机作战,创造了空战史上的奇迹。

1996 年 4 月 21 日,俄罗斯在车臣战争中,通过特种电子战猎杀小组,对战区内的电子信号进行收集、监听,侦察到杜达耶夫的手机信号,进行分析确认后,锁定手机信号坐标,利用巡航战机发射导弹,对杜达耶夫进行了"定点清除"。

2011 年 5 月,美军海豹突击队和特战空勤团实施"海王星之矛"行动。海豹突击队采用"陆地勇士"单兵系统,与联合行动中心进行态势分析和情报共享,特战空勤团无人机通过卫星通信系统将突击队行动回传白宫和五角大楼。整个行动过程,美军使用的武器系统频谱资源涵盖全频道,仅用时 40 分钟,便成功击杀本·拉登。

……

随着信息化技术的迅猛发展,信息化装备数量多、种类全、密度大、程式复杂，已经成为未来战场毋庸置疑的特点。哪个武器装备不用"频"，哪里打仗不用"频"？所以，这些特点决定了电磁频谱资源必将成为战场上的"紧俏货"，想打赢未来战争必须赢得电磁频谱的支持。而电磁频谱也不再甘于传统的保障"配角"地位，火速蹿红的它毫不客气地霸占了信息化战争舞台的"主角"之位，成为继陆、海、空、天、网之后的"第六作战域"，正式从后台走向了前台。可以说，海空优势的发挥，必须建立在电磁优势的基础上，失去制电磁权，必将失去制空权、制海权，谁赢得了制电磁权，谁就掌握了战场主动权。

图 7—1　电磁频谱作为重要媒介作用于作战全要素

伴随新军事变革席卷全球，战争模式发生了深刻的改变。未来的战争将是在复杂电磁环境下，以网络化为中心，可同时涉及多作战域、多军兵种的一体化联合作战。电磁频谱作为唯一能支持机动作战、分散作战和高强度作战的重要媒介，贯穿于作战准备、作战筹划、作战实施的全过程，作用于指挥控制、情报侦察、武器制导、预警探测、导航定位等作战全要素，成为一体化联合作战的制胜关键。所以，也可以说未来的战争就是双方争夺电磁频谱控制权和使用权，并限制或剥夺敌方有效地使用电磁频谱，以及保障己方有效使用电磁频谱的斗争，即电磁频谱战，也可简称为频谱战。

2003 年的伊拉克战争中，美军摒弃了传统作战模式，不仅仅靠火力打击和特种作战两套作战行动，而是把信息攻击、火力攻击、地面攻击一起搬上战场，诸兵种联合作战贯穿战争全过程。单一力量的阶段化行动淡化，更加强调同一时间内陆、海、空、天、电等多维力量聚集于同一方向或目标，作战空间更立体、范围更大。随之而来的是空军在地面攻击部队的前沿实施精确的弹幕射击，前方攻击部队跟随炸点向目标推进，这改变了地面炮兵对地面机动部队实施"火力护送"的传统做法，在各军兵种之间实施了"无缝"的一体化协同作战。

在这场战争中，美英联军不同体制的电子设备，近 2 万部电台参与其中。确保如此庞大的设备群相互兼容、所构成的大规模无线电网络正常运行，是确保此次战争胜利的关键。美军正是凭借其完善的频谱管理机制和强大的频谱管理能力，牢牢掌控住制电磁权，满足了战争所需的每天处理数万个频点的需求，有效地支持了所有作战域中的打击行动，为赢得战场优势发挥了重要作用。

在此之后的几场局部战争也充分显现频谱作为革命性的新生作战力量的突出军事价值。业已证明，电磁频谱作为自成体系的一个作战域，和其他所有的传统作战域一样，都是用于支持作战行动的；而作为始终贯穿各作战域的重要媒介，电磁频谱是发挥传统作战域优势的基础，丧失制电磁权将导致丢掉一个或者更多个其他作战域，一损俱损。

所以，只有规划好、管理好、协调好频率的使用，才有可能实现并提升军队打赢现代化战争的能力。

据美国军事航宇网站 2015 年 10 月 30 日的报道，美国空军研究者正创造一种仿真的频谱战战场，设计用于试验新电子战和光电战系统以帮助美国军队在未来的冲突中控制电磁频谱。这并不是简单地释放出一个学术研究信号，它代表世界头号军事强国不断加紧占领频谱阵地绝对优势的步伐。

在感受电磁频谱魔幻力量、通观外军对频谱战的研究与实践之后，面对严峻的形势，我们必须意识到：危机已经潜伏在我们四周，威胁在若隐若现的角落蠢蠢欲动，敌人贪婪窥视的目光穿透异度空间扫视着我们，频谱战的枪声已经打响！

链接　【频谱战】由美国空军 2013 年提出，它包括电子战、网络战、光电对抗和导航战等诸多形式。这些战争形式交织重叠在一起，成为频谱战整体。美军希望通过频谱战，在未来军事冲突中掌控无线电通信、雷达、光电传感器、卫星导航、精确授时、数据网络等方面的主动权，同时阻止作战对手拥有这些能力。

2015 年 12 月，美国国防部首席信息官特里·豪沃森表示，美国国防部将有望把"电磁频谱"视作一个作战域，有专家称之为继陆、海、空、天、网之后的"第六作战域"。

随着电磁频谱与赛博空间融合深度、广度的不断提升，频谱战，既可以视作是电子战向赛博战扩展的战法，同样亦可以视作是赛博战向电子战延伸的战法，还可以视作是电子战与赛博战融合的一种战法，再或者可以从技术角度简单称之为"基于电磁频谱接入的赛博战"。

7.2　赛博空间：二次元世界的终极进化

"赛博空间"，听起来玄幻而又不知所云。可以肯定的是，它不是美国科幻电影里博派变形金刚渴望夺回的塞伯坦星，倒是与《终结者 2》中的"天网"有几分相似。影片中的"天网"是人类创造的，以计算机人工智能为基础的导弹防御系统，设计初衷是用于军事防御。而"天网"在控制了整个互联网和所有的美军武器装备后不久获得了自我意识，并且认定人类阻碍了社会发展，人类是它存在的威胁，于是立刻倒戈对抗其创造者，采用大规模杀伤性武器（甚至核弹）来灭绝全人类。

暂时放下末日危机的惊骇，可以看出"天网"具有这样的特点：是以网络为基础的信息基础设施；各种武器装备都可以接入其中，并受其控制，进而组织形成能够达成特定目的的行动；网络所及范围即其势力范围，几乎无处不在、无所不及。

全世界最早重视赛博空间的是美国政府和军队。他们把赛博空间称为是人类活动的第五维空间，并且将赛博空间列入到了他们的军事、战争和政府管控的范围。根据《美国国防部军事词汇词典》中的定义，赛博空间是信息环境内的全球领域。它由独立的信息技术、基础网络设施组成，包括因特网、电信网、计算机系统以及嵌入式处理器和控制器。

这样看来，"赛博空间"的基础构成确实与"天网"有几分相像。不幸的是，就连能够产生毁灭和破坏也被电影言中。

2008 年，"俄格冲突"期间，格鲁吉亚政府网络遭受"蜂群"式的狂轰滥炸，网络拒绝服务攻击造成政府网络长时间瘫痪，成为国家间网络攻防的首例。

2010 年，以西门子数据采集与监控系统为攻击目标的"震网"病毒神秘出现，伊朗境内包括布什尔核电站在内的 5 个工业基础设施遭到攻击。开创了运用网电手段攻击重要关键基础设施的先河。

2010 年，传奇人物阿桑奇的"维基解密"网站公开了 25 万份美国外交文件，掀起了网络电磁空间新一轮信息传播和情报泄露的狂潮，美国陷入"外交 9·11"的恐怖泥潭。之后，"维基解密"又成了中东、北非政局动荡的导火索。

2013 年，"棱镜门"事件轰动全球，它揭露出美国国家安全局对多国的政要人物、普通公民进行的监控行动。此次依托赛博空间进行的间谍活动，让本是抽象概念名词的"赛博空间"，霍然杀人民众视野，赛博空间安全问题瞬间成为危害信息安全的"头号敌人"。

赛博空间中的战争是赛博空间能力在作战上的运用，其主要的目的是在赛博空间内或通过赛博空间实现军事目标或军事效果。赛博空间不单包括与计算机有关的网络空间，还囊括了贯穿于陆海空天领域，与电磁能量有关、所有利用电子和电磁频谱存储、修改和交换数据的物理系统。也正是因为这个特点，赛博空间的战斗已经不局限在虚拟世界中，它能够通过组织控制物理作战，对现实世界产生致命或非致命的伤害。这种异于传统作战域的"虚拟作用于现实"的神奇力量，使它完美实现二次元世界的终极进化。

赛博空间依赖于电磁频谱实现与物理系统的沟通和控制，同时也依赖电磁频谱来实现跨领域作战和多领域协作。美军清楚地看到电磁频谱对在赛博空间取得作战主动权的重要意义，2014 年 2 月发布《FM3-38 赛博电磁行动条令》，规定了赛博空间电磁行动的基本原则及电子战、网络作战、频谱管理行动等重要内容。该条令的颁布不但表明了美军对赛博空间的深刻认识，还反映了其长远的战略意图和对赛博空间的高度重视。

纵观世界各国赛博空间战略政策、力量建设和装备技术发展方面的各种举措，可以看出，在这样一个人类自己创造的人工环境里，新的国际竞争和利益角逐已经开始，赛博空间的军事化趋势已不可逆。而如何在新作战域中掌握主动，谋得一席地位，掌控赛博空间的电磁频谱是关键！

【赛博空间】一词是由科幻小说作家威廉·吉布森在 1982 年发表于《omni》杂志的短篇小说《融化的铬合金》（Burning Chrome）中首次创造出来，其英文名 Cyberspace，是由控制论（cybernetics）和空间（space）两个词组合派生出，是哲学和计算机领域中的一个抽象概念，指存在于计算机网络里的虚拟现实。

7.3 军民融合下的频谱管理

军民融合，这是一个有着久远历史意义的新名词，说它久远，是因为早在 20 世纪 50 年代，毛主席就提出了这样的思想，要求在军工生产上注重军民两用，做到能军能民。在著名的《论十大关系》报告中，毛主席明确指出"只有经济建设发展得更快了，国防建设才能够有更大的进步"。可以说，新中国成立以来取得的抗美援朝、三线建设、国防工业奠基等各条战线上的胜利，背后都有着军民融合的影子。说它是个新名词，是因为时至今日，科技与时代的发展又给军民融合注入了新的内涵，尤其是 20 世纪 90 年代冷战结束后，世界主要国家由于国防负担太重、与国民经济建设不能协调发展，特别是军队需要大量利用快速发展的民用高新技术提升作战能力等原因，美俄等大国逐步开始以军民结合的方式推进国防建设的变革进程。冷战结束至今二十余年的时间，军民融合已经爆发出了极其强大的生命力和创造力，互联网、GPS 导航定位、运载火箭、人造卫星等信息技术在全球的广泛应用，无一不体现着军中有民、民中有军的发展思路，也充分证明了军民融合推动经济社会发展和国防建设发展的巨大能力和深远意义。

　　说回我们的主题——电磁频谱管理。有人可能要问，频管和军民融合也会产生关系吗？要知道，电磁频谱是一种自然资源，它的共享、开放的特点在所有的自然资源中首屈一指，这样的特点使得电磁频谱不仅可以国际共用，还可以敌我共用，更可以军民共用。在电磁频谱领域把军民融合用好了，可以极大地推进国家经济建设与国防建设的统筹协调，兼顾地方与军队的实际需求，实现军地之间的信息共享、系统互联和技术设施共用。再进一步说，在电磁频谱管理这个领域，军地双方多年以来一直是处于你中有我、我中有你、互相影响、互相促进的状态，军队频管部门为服务国家经济建设，配合地方做了大量具有建设性的工作，而地方无线电管理部门为了支持富国强军的需要，也多次在国内外对我军争取用频权益提供了强有力的支持，可以说在这个领域军民融合一直在路上。

　　我军多年以来建立了形形色色的各类频管系统，虽然也解决了发展中的很多问题，但与发达国家军队相比，基础设施相对薄弱落后，为了保持国防力量在相当长的时期内合理、持续发展，同时又使国家负担相对降低，一条科学务实且性价比极高的道路——军与民最大限度地融合起来就成为历史的选择。融合度越高，国防发展的支撑力就越强，国家的负担就越小，就越有利于对国防事业的支持。目前，综合来说地方频管设施实现了全国中等城市以上全覆盖，设备数量是军队 10 倍以上，技术人员数量是军队 5 倍以上，因此，充分利用国家频管设施规模大、分布广、

图 7—2 《中国军民融合发展报告（2016）》

发展快的优势，走寓军于民之路，使多方人员、装备、系统有机融合，实现系统联网、数据共享、力量共用，弥补我军频管发展中的不足，是快速提升频谱保障能力的必由之路。

近年来，军民融合下的电磁频谱管理不仅在经济战线为国家和社会贡献了力量，更在无数次的沙场点兵中大放异彩，在高原大漠、在海岛丛林、在群山戈壁、在各个演习场地都能看见身着便服和各式迷彩服的人员共同工作在战位上。在历次"和平使命"中俄联合演习、跨区机动军事演习和战略战役集训等重大军事活动中，军队频管力量均与地方无线电管理力量紧密配合，联合执行频管保障任务，展现了军民融合体系保障的优势所在。

邓小平同志曾经说过，军队现代化要走军民结合道路，正是这一思想造就了我国国防科技工业的崛起。十八大以来，习近平主席多次强调，要把军民融合上升为国家战略，加快形成全要素、多领域、高效益的军民融合深度发展格局。电磁频谱管理作为多领域中的一分子，通过军民融合发展壮大是必经之路，这也是我们每一个频管人肩上的责任与担当，军民融合下的电磁频谱管理前程远大、任重道远。

链接　【军民融合】是把国防科技工业与民用科技工业相结合，共同形成一个统一的国家科技工业基础的过程，以实现军民两部门合作共赢的目标。

7.4　基于认知无线电的频谱管理

目前，在世界各个国家，无线电频谱的使用主要是以授权方式，固定分配给各个无线电用户和无线电系统，未经许可，任何单位和个人不得非法使用频谱。在这种传统的频谱管理模式下，不同类型的无线电业务，会由于授权用户的多少和使用强度的高低，在频率资源的使用效率上存在一定差异。以移动通信业务为例，截至 2016 年 9 月，中国的移动电话用户总数达到 13.16 亿。加上无线局域网技术的广泛应用，越来越多的人以无线方式接入互联网，使得移动通信业务频段异常拥堵，频谱资源紧张问题更加凸显。相反，在一些技术体制落后，或服务受众面窄的无线电业务领域（如寻呼系统、模拟集群系统等），频率资源的时间占用度较低，甚至在绝大多数时间内频谱资源处于闲置状态。

可以看出，这种落后的资源管理模式与当今社会日益增长的频谱使用需求之间的矛盾日益凸显。人类如何解决无线电业务在频率资源分配上"贫富不均"的问题，能否利用无线电技术即时搜索优质频率，充分利用这些频率来开展各种无线电业务呢？认知无线电技术应运而生。

1999 年，Joseph Mitola 博士首先提出了认知无线电的概念。认知无线电也可以称为智能无线电，它可以感知自身（无线电台站）周围的电磁环境，利用人工智能技术从环境中学习，实时改变工作频率、传输功率等操作参数，从而实现任意时间地点的高可靠通信和频谱资源的高效利用。其基本原理是：用频终端采用动态频谱感知技术，感知周围频谱环境的特性，通过不断扫描用户共享频段来探测"频谱空穴"（如图 7—3 所示），合理地寻找机会利用这些临时可用的频段，潜在地提高频谱利用率，频率使用结束后，及时释放频率，以供其他用户使用。

与此同时，用频终端还能根据感知结果，自适应地改变系统的频率、功率、速率等传输参数，并能保证高优先级的授权主用户对频段的优先使用，不断改善频谱共享，与其他系统更好地共存。这与道路交通类似，司机在车辆行驶过程中可根据交通状况信息判断并选择一条较为通畅的道路，并根据实时路况信息，规避交通管制或发生拥堵路段，自动选择最佳路线。

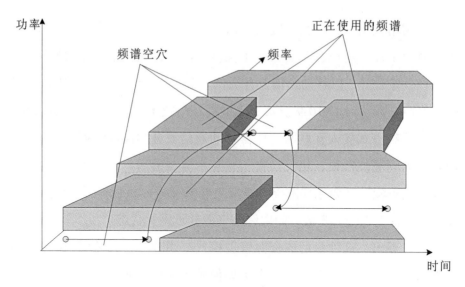

图 7—3 "频谱空穴"示意图

认知无线电技术的应用不可能是不受限的应用。前美联储主席格林斯潘在 2008 年 10 月的美国国会听证会承认无拘无束的自由市场并不一定是良好经济的根基,同样自由放任的无线使用策略也不一定会为频谱效率带来好处。认知无线电推广的最大问题是必须利用政府分配给其他用户的闲置频段,或明确规定各频段的共享频率(段)集。在目前静态频谱资源管理模式下,认知无线电作为一种技术可以用于频率划分表中的任何业务,但要制定相应的政策和管理规范,以确保不对"认知频段"上的主用户系统产生有害影响,要规划可以用于认知无线电技术的频段。对重要无线电系统使用的频段,可列入保护频率,禁止认知用户接入,从而避免产生有害干扰;同时也便于监管部门的监督、检查和监测。这些工作也是国家无线电管理部门、军队频谱管理部门,在认知无线电领域要开展的主要工作。

正如手机技术的不断进步给社会带来了广泛而深刻的影响一样,尽管认知无线电技术在各领域的应用尚需时日,但它必将给人类社会带来巨大而深刻的冲击。

链接

【频率占用度】是衡量频谱利用率的主要参数，是指某一特定频率上在一定时间周期内存在信号的概率。既可指单一频率上有发射信号存在的时间概率，也可指在一个频段的所有频率上发射信号存在的时间概率。把某一特定频率的各个分时间段的频率占用度进行综合测量和统计，可以计算确定该频率在一定时间周期内的占用情况（包括忙时、峰值时间、平均和最低应用时间等）。通过频率占用度测量，可绘制某地区频谱的实际使用情况表，有助于频率的有效利用和干扰信号的排查。

7.5　在万米高空网上冲浪

"过去不离不弃的叫夫妻，现在不离不弃的叫手机"，这句话虽然有点夸张，但却从另一个方面说明了现代人对移动互联网的高度依赖。曾几何时，移动互联网已成为人们生活中不可或缺的一部分。人们通过它沟通联络、获取知识、购物消费、预约服务等等，人们从来没有像现在这样，各种活动似乎与移动互联网都息息相关、时时事事联系。

然而，当我们在民航飞机上时，能上网吗？能发微信吗？能刷微博吗？能看在线视频吗？这在以往，答案一定是否定的。可以说只要进了飞机了，你就进了"信息孤岛"，一切与外界的联系就被切断了。不过现在，这个飞行中的"信息孤岛"即将接入互联网的大千世界。

2012年，我国民航部门为了解决旅客乘机过程中与外界联系的迫切需求，启动了专项研究课题——《新一代空地宽带无线航空通信系统关键技术和系统》，该课题被列为当年国家科技支撑计划"航空信息系统关键技术研究与应用示范"子项。通过该课题的研究，构建我国空地宽带无线航空通信系统，使旅客能够在万米高空享受"网上冲浪"。

2012年5月，研究工作取得重大突破。课题组经过深入地论证分析，在借鉴国外相关领域研究成果的基础上，提出了适合我国国情的民航空地宽带无线接入方式——ATG（air to ground）。该方式是通过在民航飞机飞行沿途或特定空域架设地面基站，对空发射无线电信号，为不同高度层中飞行的飞机提供宽带无线数据传输通道（如图7—4所示），进而向机舱内提供高带宽通信服务（如图7—5所示），满足飞机乘客在旅行过程中互联网访问需求。在接入方式上，采用具有我国自主知识产权的4G FDD-LTE制式，在标准LTE协议上针对航空应用场景做了优化；在使用频率方面，主要使用L波段，通信速率高、通信链路成本低。

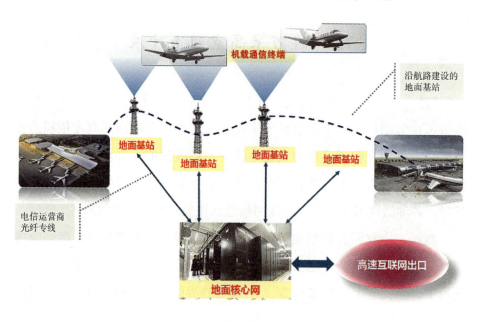

图7—4　民航空中宽带互联网接入方式

正在大家按照既定方案，顺利推进各项工作的时候，意想不到的"麻烦"出现了。民航部门发现承载该系统的电波"空中通道"中已经"飞行"着塔康、普通测距、精密测距、空管雷达、空中交通防撞等国家和军队十几种重要信息系统。该系统要"挤入"这条"空中通道"势必影响到上述系统的正常使用，给飞行安全和国土防空带来重大隐患（如图7—6所示）。一边是具有重大商业价值的国家战略决策，每年为3亿人次以上的旅客提供个性化的空中无

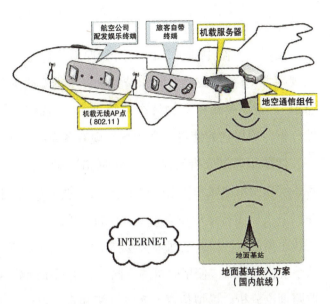

图7—5 民航飞机内部宽带服务提供方式

线宽带服务和航空旅行增值服务；一边是具有重大军事价值的国家安全利益，涉及守卫国门、捍卫国家利益的主战武器装备效能的正常发挥。"鱼"

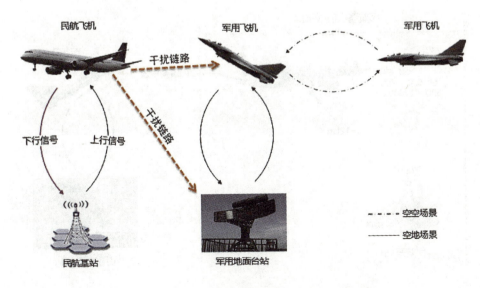

图7—6 空地宽带通信系统干扰军用系统场景图

和"熊掌"如何兼得？

从目前"空中通道"的使用情况看，现有信息系统按照事先协商好的规则"飞行"，彼此之间和谐共处。空地宽带通信系统要进入该"空中通道"，就需要跟原有的每个系统进行"协商"，即开展系统间用频兼容性分析，确保它的使用不会影响到现有各系统的正常运行。

课题组通过分析发现，"空中通道"虽然被十几种系统占用，但现有各系统在使用地域和使用时机上有突出的特点。例如，有的仅部署于机场，在民航飞机飞行途中没有布设；有的其承载平台与民航飞机在空中相遇时直线距离很远，彼此之间不会互相干扰（如图7—7所示）等等。因此可以从系统使用地域、使用时机的不同，分析系统间兼容共用的可行性。首先，按照理论分析、模拟仿真、实测分析和专家审议的流程步骤，分析空地宽带通信系统与原有每个系统之间的用频兼容性。然后，从空地通信宽带系统与原有每个系统共存的使用场景出发，考虑原有系统正常工作时在民航飞机飞行航线上的主要部署位置、使用时机等特点，给出计算分析结果。

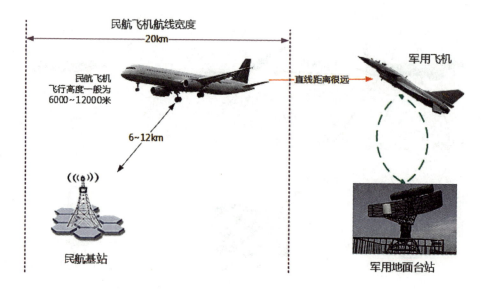

图7—7 空地宽带系统与军用系统间用频兼容场景

工作有了思路，马上开干！三年寒暑转瞬即逝，不知经过多少次往来于北京与成都间的航班，不知经过多少次抽丝剥茧地分析，不知经过多少次推倒重来。经过"手术刀"般的精细化频谱兼容分析，空地宽带无线航空通信系统在万米高空的网上冲浪通道终于被打通，实现了与国家和军队相关系统在同一频段内的共享共用！歌手组合"筷子兄弟"应邀在万米高空不同的两架民航飞机上用无形的电波连接了彼此，成功体验了上网、发微博、视频通话等诸多功能。

图7—8　"筷子兄弟"体验在民航飞机上网上冲浪

图7—9　航空服务新体验

2015年12月，经中国民航局批准，民航空地宽带无线航空系统开始在部分航线开展试商用。截至2017年2月，国航、东航、南航等各大航空公司已在波音737NG系列机型及空客A320系列机型上加装了民航空地宽带无线航空通信系统，并在北京—成都—重庆—昆明、北京—广州—深圳、北京—上海—浙江、北京—大连—韩国等航线上开始了试商用。或许过不了多久，在万米高空上年轻人刷着微博、聊着微信、看着在线视频，商务人士及时收发着电子邮件、在万米高空指挥着商业帝国的运行等等将成为现实！

【国外民航空地宽带系统】除了我国使用的 ATG 接入方式外，国外民航飞机上还采用卫星接入方式为旅客提供网络服务。卫星接入方式通过机身顶部的卫星天线系统及机身内部的天线控制单元、调制解调器数据单元、服务器管理单元和高功率接收机，建立飞机与卫星之间的通信链路，为用户提供宽带通信服务。与 ATG 方式相比，卫星接入方式不需要地面基站，可以实现全球不间断通信。目前，卫星接入方式主要被美国 Aircell 公司、Row44 公司和瑞士 OnAir 公司采用，使用频段为 L、Ku 和 Ka 波段。

7.6 电子标签：物联网的第二代身份证

去大型超市购物，最痛苦的事恐怕莫过于结账，面对排起的长龙，收银员不停地扫描着购买的每件商品，遇到"扫"不出来时，又不得不手工操作，输入商品的序号，然后收款、找零、装袋，多么烦琐！在长长的队列中，顾客会不时发出不耐烦的感叹声。也难怪，购物本是一种享受，如此的购物和结账方法让人无可奈何。难道没有解决方法吗？

IBM 曾经有一则电视广告播放率很高，富有创意，留给观众抹不去的记忆：在没有售货员的超市，一位穿着潇洒的男子东张西望，不时地将看好的商品往自己风衣里揣。然后，此君一脸得意地冲过没有收银员的门槛。这时，超市的一位保安很有礼貌地将其拦下，出人意外地把打印出的结账清单递给他，此时电视屏幕上赫然出现"IBM，一切就这么方便！"虽然很多人会觉得 IBM 的广告是对未来的一个美好憧憬，但事实已在我们身边悄然发生。

不久的将来，当我们走进超市按需选取商品后，将可以免去排队付款等一切烦琐的手续，更无商品伪劣假冒之忧。这不是痴人说梦，而是"物联网"给我们带来的购物方便。这一购物过程的完成，都依赖于射频识别（电子标签）技术。商家在商品包装过程中加入电子射频标识—高技术含量的芯片，可视为包装商品的"智能大脑"。当你满意地提着所购商品不辞而别时，"付款没商量"，你的购物款已悄然在银行的记账卡上被划走。

近年来，射频识别技术的应用急剧增长。尤其是电子产品代码和物联网的概念提出之后，基于射频识别（RFID）技术的可用于单品识别的物联网平台给人们提供了无限想象的空间，使得 RFID 一时成为全球关注的热点。随着 RFID 的发展和普及，贴有电子标签的商品随处可见。与我们将第一代居民身份证换发为第二代居民身份证一样，商品的身份证也在"升级"。作为物联网的第二代身份证，电子标签将伴随商品从仓库到商店再到购买者，甚至一直到变成垃圾的整个生命过程。同时，顾客还可以通过这种智能标签直接了解他们所需要的商品，并立刻得到带有标签的商品的有关信息。

链接

【物联网】简单来说就是物物相连的互联网。通过无线射频识别装置、红外传感器、全球定位系统、激光扫描器、电子标签等信息传感设备，将物体接入到互联网或移动互联网中，最终形成智能化识别、定位、监控、管理的一种网络。自1999 年物联网的概念首次被提出以来，经历 10 余年的发展，目前已经在市场中得到了广泛的应用，遍及交通、工业、物流等重要领域，是继互联网后的又一个重大的新兴信息产业，将从根本改变我们的生活和工作方式。电磁频谱与物联网有着非常重要和密切的关系。物联网中的无线电设备都需要使用电磁频谱资源，而大量物联网传感设备的投入会给频谱资源和频谱管理带来巨大的挑战。

【射频识别】射频识别，RFID（Radio Frequency Identification）技术，又称无线射频识别，是一种非接触式的自动识别技术，可通过无线电信号识别特定目标并读写相关数据，而无需识别系统与特定目标之间建立机械或光学接触。射频识别技术是物联网发展的重要技术之一。2007年4月20日，我国信息产业部发布了《800MHz/900MHz频段射频识别（RFID）技术应用规定（试行）》，规范了UHF频段RFID无线发射设备的工作频率、发射功率、信道带宽、工作模式等技术指标。

7.7　基于规则的频谱管理

遥远的蛮荒年代，当部落首领将有限的食物按照年龄长幼在部落中分配时，"规则"就伴随着文明走进了人类生存繁衍的历史。在我们的生活中，规则就像一张网，无时不在，无处不在。比如我们熟悉的交通规则。不妨设想一下，如果没有它，公路上、街道上会是怎样的情景？交通堵塞、秩序混乱、车祸频发……最终人们可能压根不想也不敢开车上路，整个社会又退回到车辆稀少、交通落后、效率低下的时代。这还仅仅是汽车，如果我们的思维再飞远一点，铁路上风驰电掣的火车、大海上劈波斩浪的轮船、空中呼啸而过的飞机、天上高速运转的卫星……不都在遵守着各自的规则吗？

无形的电磁空间是不是也需要遵守相应的规则呢？在回答这个问题之前，我们还是拿道路交通做类比，看看电磁空间中的"道路""车辆"是什么，有哪些特点？

电磁空间的载体是电磁波，我们熟知的短波、超短波、微波、可见光、红外线、X光等都是电磁波，只不过频率不同。把电磁波按照频率高低排列就形成了电磁频谱，使用电磁频谱（发射或接收电磁波）工作的设备称作用频设备。如果说电磁频谱是一条宽阔的"电波大道"，那么各种电磁波就是其中的一条条"车道"，用频设备就是电磁空间里的"车"。电磁空间的"交通"有以下两个特点。

首先，同时同地每条"车道"上只能跑一辆"车"。只要某个设备在发射电磁波，就始终占着一段频率，附近的其他设备无法再同时使用该段频率。以无线广播和电视为例，每个频道就是一条条"专用车道"，各个广播台、电视台都只能在自己的"道"上跑，不能随意"并线变道"，否则就会发生干扰。另外，一个设备的"占道"行为只会影响"附近"的其他设备，不会影响"远处"的设备，这是因为电波在由近及远的传播过程中强度会不断减弱，弱到一定程度后就可以忽略了，就像人的声音离远了就听不到一样。比如上海欧美音乐电台、河北农民广播电台都使用98.1MHz频率，两地离得足够远，不会相互干扰，就像隔得很远的两个人同时说话不会彼此打扰一样。利用这个特性，各地可以根据自身

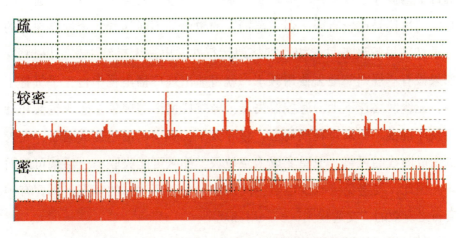

图7—10　各地"电波大道"上"车辆"疏密不同

需要布设用频设备，一般不用担心与其他地区产生干扰，由于发达程度不同，各地"电波大道"上"车辆"疏密也会不同，就像北上广路上车多，小城市路上车较少一样。

其次，跑在相邻"车道"上的设备可能会相互影响。由于用频设备质量不过关、器件老化等原因，导致设备无法严格在设定的工作频段上发射电磁波，往往会出现占用"道路"过宽，或偏向一个方向的情况，从而与相邻频段的设备产生干扰。就像汽车在行驶过程中偏出车道，与周边的汽车发生剐蹭。

图7—11　电磁频谱资源的开发利用

既然不同设备运行在相同或相邻"车道"上可能发生干扰，那把它们分别安排到不同"车道"上运行，并且保证每条"车道"足够宽，不就行了吗？理想很丰满，但现实很骨感。如今，人类对"电波大道"的开发利用还是比较有限，但"车辆"的激增却不断加剧。全世界现有的近千亿部用频设备只能相互拥挤地运行在"电波大道"上！可以想象，如果没有"规则"地去使用频率，就可能出现广播电视串台、手机打不通、无线网络连不上、遥控器失灵、导航仪罢工等现象，造成生活和社会秩序混乱。如果是在战场上，将导致干扰频发，雷达变成瞎子、无人机变成断线的风筝、卫星变成太空垃圾、部队可能失联……后果可想而知。因此，要避免或减少电磁空间发生"交通事故"的情况，需要有一套行之有效的"交通规则"——用频规则。

基于规则的频谱管理，就是通过制定和颁布不同设备间的用频规则，指导用户科学有序地使用设备，避免发生用频"偏道""越界"甚至"撞车"。其实，在国际电信联盟的《无线电规则》《中华人民共和国无线电管理条例》《中华人民共和国无线电频率划分规定》《中华人民共和国无线电管制规定》和《中国人民解放军电磁频谱管理条例》等法规中都涉及了用频规则方面的内容。这些法规具有较强的通用性，通常不针对具体型号的设备。实际工作中，我们常常要基于这些内容，针对用频设备的个体，制定更具体、更细致的要求，这就是我们讲的设备用频规则。

设备用频规则的核心内容主要是：用频优先权和干扰保护要求。用频优先权类似于交通规则中的红灯停、绿灯行、普通车辆让特殊车辆等通行优先权规定，比如"非求救设备严禁使用遇险呼救频率，以免淹没求救信号"就是一条优先权规则。用频优先权一旦确定，通常不会经常变化。干扰保护要求类似于交通规则中的跟车距离、并线变道条件等事故防范规定，是用频设备为了不互相影响，必须遵守的时间、空间和电磁空间间隔要求。时间间隔要求就是能否同时工作，空间间隔要求就是部署位置需要拉开多远（如雷达 A 与雷达 B 必须隔开 500 公里以上才能使用同一频率），电磁空间间隔要求就是频率需要隔开多少（如对讲机 C 与对讲机 D 的频率必须相差至少 10MHz 才能不相互干扰）。

制定用频规则是一项长期并极具挑战性的工作。以空间间隔要求为例，由于电波在传播过程中减弱的速度与天气、环境、高度和频率的关系非常复杂，必须综合运用电波传播、电磁兼容、建模与仿真、实测验证等技术才能精确地算出隔多远不会干扰，才能回答"'附近'到底是多近？'远处'到底是多远？"除技术分析外，要制定出高效可行的用频规则，还必须了解频谱管理法律法规、工作现状、常见问题和用户习惯，掌握各种设备的用频特点、工艺现状和兼容情况。

目前，国家和军队已在用频规则方面做了大量工作，发布了一系列规定和标准，有力维护了用频秩序。将来，更先进的做法是把规则写入芯片嵌入到设备中或者放在大型数据中心供设备联网读取，使设备能根据感知到的周边电磁环境自动判断与相邻频段设备可能发生或已经发生的冲突和矛盾，自动按规则做出相应的用频行为，实现在"电波大道"上"自动行驶"，就像无人驾驶汽车能在道路上自动行驶一样。这不是天方夜谭，在大数据、人工智能、互联网、硬件制造技术迅猛发展的今天，也许很快就能实现。

看到这里，大家或许会想，要拿用频规则来管理甚至自动管理种类繁多的用频设备，那要制定的规则会不会太多、太复杂，难以实现呢？科学研究结果表明，复杂现实世界背后的基础规则其实很简单，有时甚至只有几条！比如，我们现实生活中的交通状况很复杂，但核心的交通规则实际上不多，大部分的交通规则都是用来覆盖一些例外、边角情况的。不要小看这简单的几条核心规则，大量个体同时使用时，会自底向上形成复杂、多变、丰富的群体现象，这就是科学家常说的"涌现""自组织"。那么，在电磁频谱管理领域，这几条简单的规则是什么？如何从大量规则中归纳抽象出若干核心规则？这是我们将来要着重研究的内容，是我们管理好陆、海、空、天海量用频设备，维护好电磁空间用频秩序的依据，甚至能让我们更加理解这个复杂的大千世界。

链接

【频道、波道】泛指用频设备工作时所占用的频率范围。在通信领域，特别是广播电视行业，常用频道表示无线电信号的频率范围。在雷达系统系统中，常用波道表示雷达信号的工作频率。所以，频段和波道没有本质上的区别，只不过是不同应用领域使用的专业术语。

【规则】大家共同遵守的制度或章程。它是依据法律或法规制定的，服从于法律或法规。当然，人们在制定法律法规时，会尊重、参考和吸纳已有的规则。

【涌现】系统中的个体遵循简单的规则，通过局部的相互作用构成一个整体的时候，一些新的属性或者规律就会突然一下子在系统的层面诞生。涌现并不破坏单个个体的规则，但是用个体的规则却无法加以解释，反映了"整体大于部分之和"的哲学原理。

【自组织】不存在外部指令，系统按照相互默契的某种规则（内在机制），各尽其责而又协调地自动由无序走向有序、由低级有序走向高级有序、由简单走向复杂的过程。一个系统自组织功能愈强，其保持和产生新功能的能力也就愈强。

参考文献

[1] 詹姆斯·克拉克·麦克斯韦:《电磁通论》,北京大学出版社 2010 年版。

[2] 江晓海、田效宁等:《中国军事通信百科全书·无线电管理分册》,军内发行 2005 年版。

[3] 国际电信联盟网站:http://www.itu.int/。

[4] 国际电信联盟:《无线电规则(2016 版)》,http://www.itu.int /pub/ R-REG-RR。

[5] 中华人民共和国工业和信息化部:《中华人民共和国无线电频率划分规定(2014 版)》,http://www.miit.gov.cn/n1146295/n1146557/ n1146624/ c3554788/content.html,2014 年。

[6] 谢飞波:《促进无线电频率和卫星轨道资源科学利用》,《人民邮电报》2015 年 10 月 27 日。

[7] 毛钧杰等:《电磁环境基础》,西安电子科技大学出版社 2010 年版。

[8] 中国人民解放军总装备部技术基础管理中心:《GJB 72A-2002 电磁干扰和电磁兼容性术语》,北京总装备部军标出版发行部 2002 年版。

[9] 兰黄明等:《20 世纪特殊战丛书:电子战》,黑龙江人民出版社 1995 年版。

[10] 周学全等:《永不消逝的无线电波探秘》,机械工业出版社 2016 年版。

[11] 颜平:《通信泄密 孤身作战:"俾斯麦"号战列舰命丧大西洋》,《中国国防报》2003 年 12 月 30 日。

[12] 张部才:《败战启示录》,军事科学出版社 1998 年版。

[13] 宁凌等:《定点清除》,军事谊文出版社 2010 年版。

[14] 孙建民等:《情报战战例选析》,国防大学出版社 2010 年版。

[15] 高鹏等:《世界著名信息作战点评》,长征出版社 2011 年版。

[16] 徐庆光等:《著名战役失误录》,山东人民出版社 1995 年版。

[17] 陈岸然等:《信息战视野中的典型战例研究》,学林出版社 2009 年版。

[18] 切斯特·G. 赫恩等:《美军战史·海军（第 1 版）》,中国市场出版社 2011 年版。

[19] 郎为民:《杜达耶夫之死——都是手机惹的祸》,《中国信息安全》2012 年第 10 期。

[20] 汪继峰:《现代反恐利剑——手机 GPS 全球卫星定位系统》,《科学 24 小时》2007 年第 3 期。

[21] 佚名:《前车臣匪首杜达耶夫遭"斩首"大揭秘》,http://ctdsb.cnhubei.com,《楚天都市报》2011 年 4 月 22 日。

[22] 安安:《诱捕无人机,怎么干？》,《中国国防报·兵器专刊·兵器科技》2015 年第 14 期。

[23] 徐征:《"诱捕"无人机,电子干扰不能少》,《中国航天报·防务世界》2014 年 3 月 29 日。

[24] 王华等:《现代化的 GPS 军用 M 码综述》,《现代防御技术》2011 年第 39 卷第 1 期。

[25] 斯科特·彼德森:《伊朗工程师首次披露诱捕美军隐形无人机细节》,http://www.xinhuanet.com,新华网 2011 年 12 月 17 日。

[26] 赵琳等:《卫星导航原理及应用》,西北工业大学出版社 2011 年版。

[27] 阙渭焰、刘君若:《美军电子侦察卫星发展简述》,《外军信息战》

2004 年第 3 期。

[28] 马岩:《二战期间的电子对抗频谱中的指南针》,《兵器知识》2016 年第 6 期。

[29] 翁木云等:《频谱管理与监测(第 2 版)》,电子工业出版社 2017 年版。

[30] 徐江:《让生活更美好——身边的无线电设备》,人民邮电出版社 2012 年版。

[31] 丁奇:《大话无线通信》,人民邮电出版社 2010 年版。

[32] 百度百科网站:http://baike.baidu.com。

[33] 侯洁如、徐军:《丁兰智慧小镇:未来城市生活的新样本》,《中国改革报》2016 年 1 月 6 日。

[34] 岳亮、邹明:《面向"互联网+"的频谱服务》,《通信技术》2016 年第 49 卷第 1 期。

[35] 佚名:《发短信日薪 1500 元起伪基站案首次被判"诈骗罪"》,https://m.sohu.com/n/428521946/?_trans_=000115_3w,中金在线网(北京)2015 年 11 月 27 日。

[36] 谢自强:《伪基站的工作原理和运行特点》,《中国防伪报道》2014 年第 3 期。

[37] 王逸群、杨博宇:《[亮剑黑广播]黑广播有多鬼?》,央广网(北京)2016 年 12 月 21 日。

[38] 蔡金曼、东方星:《嫦娥-3 取得阶段成果》,《国际太空》2014 年第 3 期。

[39] 孙自法、袁继东:《嫦娥三号海上接力测控"远望 6 号"大洋严阵以待》,中国新闻网 2013 年 12 月 1 日。

[40] 张永生等:《航天遥感工程》,科学出版社 2010 年版。

[41] 于志坚:《航天测控系统工程》,国防工业出版社 2008 年版。

[42] 王雷鸣、翟伟:《警惕伸向太空的"黑手"——我鑫诺卫星遭"法

轮功"非法信号攻击纪实》，http://www.xinhuanet.com，新华网 2002 年 7 月 8 日。

[43] 佚名：《国家无线电监测中心公布鑫诺卫星干扰测试结论》，http://www.xinhuanet.com，新华网 2002 年 9 月 26 日。

[44] 李晓虹：《基于时延差和频移差参数的卫星干扰源定位方法的研究》，吉林大学硕士学位论文 2007 年。

[45] 李力田：《提高电视广播卫星抗干扰能力的措施》，《国际太空》2003 年第 12 期。

[46] 闵士权：《干扰源双星定位技术》，《中国电子商情：通信市场》2004 年第 3 期。

[47] 刘玉：《北斗二代与伽利略卫星频率之争》，《数字通信世界》2011 年第 2 期。

[48] 王玉磊等：《北斗发射背后原来这么"惊险"》，《科技日报》2017 年 11 月 10 日。

[49] 郝嘉等：《电磁频谱：信息化战争之魂》，《解放军报》2015 年 6 月 18 日。

[50] 郝嘉等：《驾驭无形电波的"魔幻空间"》，《解放军报》2016 年 9 月 22 日。

[51] 李立峰等：《美军极力构建"频谱优势"》，《中国国防报》2014 年 1 月 21 日。

[52] 欧孝昆等：《卫星频轨：竞相争夺的战略资源》，《解放军报》2010 年 5 月 6 日。

[53] 欧孝昆等：《无形战场无形剑》，《解放军报》2008 年 11 月 20 日。

[54] 黄超等：《角逐"无形战场"》，《解放军报》2009 年 8 月 19 日。

后　记

电磁频谱管理是一项专业技术性强、覆盖领域广、更新发展快的系统工程。第一次承担电磁频谱管理科普读物的撰写，我们既感到使命光荣、责任重大，也感到力不从心、如履薄冰。经过反复研讨、多次修改、集中统稿，力求借助一个个鲜活的事例，直观展示电磁频谱这个充满神奇的无形世界，生动描绘电磁频谱在国家战略、国计民生以及军事应用方面的重要作用，达到知识性、趣味性、严谨性的有机统一。

本书编写过程中，得到了工业和信息化部无线电管理局和全军电磁频谱管理委员会的有力指导，国防大学黄玉亮教授，国防科技大学李军、黄纪军教授提出了许多宝贵意见，31007部队的韩峰、贺飞扬、周靖博、李晨、方继承、李海坤、付强、才昀成、陈兵、王健、田伟、蒋春芳、张鹏、李烨、鄢余武、吴彪、胡莉琼、卢西义、黄震、赵华维、王安、闫宏伟、张冬蕾、李杨、陈少刚、常博文等同志，也对本书的出版作出了贡献。在此，一并表示由衷的感谢。

鉴于本书编写时间较短，经验不足，能力有限，其中错误、疏漏、表达不准确等在所难免，敬请广大读者指正。

编　者

索　引

责任编辑：薛　晴

文字编辑：徐　源

责任校对：苏小昭

封面设计：石笑梦

图书在版编目（CIP）数据

改变世界的"魔幻之手"：电磁频谱／李玉刚，杨存社　主编 . —北京：
　人民出版社，2018.5
ISBN 978－7－01－019128－7

I.①改…　II.①李…②杨…　III.①电磁波－频谱－无线电管理　IV.① TN92

中国版本图书馆 CIP 数据核字（2018）第 058409 号

改变世界的"魔幻之手"
GAIBIAN SHIJIE DE MOHUAN ZHI SHOU
——电磁频谱

李玉刚　杨存社　主编

人民出版社 出版发行
（100706　北京市东城区隆福寺街 99 号）

北京中科印刷有限公司印刷　新华书店经销

2018 年 5 月第 1 版　2018 年 5 月北京第 1 次印刷
开本：710 毫米 ×1000 毫米 1/16　印张：14.25
字数：200 千字

ISBN 978－7－01－019128－7　定价：68.00 元

邮购地址 100706　北京市东城区隆福寺街 99 号
人民东方图书销售中心　电话（010）65250042　65289539